이 종 열의

WEDDING
&
ANNIVERSARY CAKES

Sugar Artist   Lee Jong Youl

비앤씨월드

CONTENTS

Ⅰ. 슈거 크래프트(Sugar Craft)

Ⅱ. 로열 아이싱(Royal icing)

Ⅲ. Bouquet 엮기와 Ribbon 이용하기

II CONTENTS

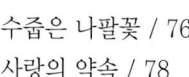

Wedding & Anniversary cakes를 발간하며...

슈거 아트의 세계라는 책을 처음 접하던 날 저는 첫사랑과 같은 가느다란 떨림 같은 것을 느꼈습니다. 최두리 선생님께 사사를 받으며 꿈을 키우기 시작했고 슈거 크래프트에 관련된 자료들을 모으기 시작했습니다. 대형문고 외국 서적 매장을 누비며 응용할 수 있는 책들을 보았고 식품전시회, 건축전시회, 꽃 전시회, 웨딩 박람회 등 각종 전시회를 발이 부르트도록 빠짐없이 찾아 다녔습니다. 외국 연수 중에도 일행이 관광하는 동안 저는 자료 수집을 하나라도 더 하려고 뛰어 다녔습니다. 그리고 공직에 있을 때 문서 작성하던 경험과 교육학을 전공한 경험을 바탕으로 하나 하나 계획을 세워 작품을 만들기 시작했고 가끔은 좌절과 회의에 빠지기도 했지만 꼭 끝을 맺어야만 할 것 같은 그 무엇이 저를 채찍질 했습니다. 작품을 완성하기 위해 추운 겨울 차가운 대리석 테이블 위에서 새우잠을 잘 때도 내 자신에게 좋은 날이 올 것이라고 다짐을 하곤 했습니다. 이제 부족하나마 이 작은 결실 하나가 씨앗이 되어 먼 훗날 커다란 거목이 되는 꿈을 꾸어 봅니다.

제가 이 책 만들고 싶었던 목적은 슈거 크래프트 재료에 대한 궁금증을 조금이나마 풀고 싶었고 로열 아이싱의 기법을 각각의 작품에 적용하여 정확하게 알 수 있도록 분류하였으며, 우리나라에서 자생하는 꽃과 외래종이라도 꽃말이 좋은 꽃들만 골라 섬세하게 만들어 보았습니다. 케이크 모양과 데커레이션도 우리 전통문양과 모양으로 한국적인 특성을 살려 보려 노력했고, 웨딩부케 엮는 법과 리본 만드는법을 개인적으로 사사 받아 여러 가지 방법들을 이 책에 수록된 작품에 적용하였으며, 많은 시행 착오를 거쳐 만드는 방법을 개발하거나 Colouring하는 방법등 개선한 것들을 숨김없이 모두 수록하였습니다.

끝으로 저에게 슈거 크래프트의 눈을 뜨게 해주신 최두리 선생님께 진심으로 감사드리며 특별한 사랑으로 이끌어 주시는 곽성호 교수님, 이시경 교수님, 조남지 교수님과 늘 한결같은 사랑으로 지켜봐 주시는 배동호 교수님, 전은자 교수님께 감사드립니다. 또한 항상 애정과 관심으로 독려해주시는 비앤씨월드의 장상원 사장님과 이 책 발간에 최선을 다해주신 비앤씨월드 가족 여러분, 사진작가 구자익 선생님께 감사드립니다.

슈거 크래프트에 푹 빠져있던 7년이라는 긴 시간동안 옆에서 묵묵히 지켜봐 준 남편과 자질구레한 모든 것들을 도와준 사랑하는 딸 용애도 고맙고 좌절과 절망에 빠져 힘들어 할 때 사관생도 아들 용길이의 격려도 큰 힘이 되었습니다. 1년 동안 옆에서 도움을 주신 진창숙 선생님께 감사드리고 저를 알고 계시는 모든 분들과 이 책이 빛을 볼 수 있도록 하는데 큰 도움이 된 책 말미에 명기한 참고문헌 저자들께 감사드립니다.

2003년 5월에   이 종 열

Congratulations!

건국대학교 생명환경과학대학 응용생물학과 교수 이시경

　강의실에 들어서면 항상 그의 테이블에는 교재와 노트 그리고 녹음기가 놓여 있었습니다. 이 책의 저자 이종열 그는 불혹이 훨씬 지난 나이에도 맨 앞줄에 앉아 하나도 놓치지 않으려는 듯 열심히 강의 내용을 노트에 적고 있었습니다. 대학교에서 석사 학위를 받던 날 그에게 대학교 총장님 상이 수여되었고 그것은 그동안 너무도 열심히 노력해 온 댓가였지만 모든 영광을 주변의 다른 분들에게 돌리는 겸손함을 잊지 않았습니다.

　이제 긴 시간동안 연구해 오고 실험해 온 웨딩 케이크와 기념일 케이크를 한권의 책으로 엮어내면서 현재 슈거 크래프트를 이용한 웨딩 케이크를 배우고 있거나 새로운 디자인을 연구하는 사람들에게 한줄기 빛과 같은 책이 될 것입니다.

　이 책은 지금까지 볼 수 없었던 슈거 크래프트의 재료학과 로열 아이싱의 여러 가지 기법들, 또한 슈거 플라워를 생화에 가깝게 세밀하게 표현할 수 있는 방법과 부케를 엮는 방법, 리본 만드는 방법까지 처음 접하는 사람이라도 쉽게 경험할 수 있도록 자세히 설명이 되었고 또한 우리의 전통 문양과 문화를 접목시킨 실험정신이 깃든 작품이라고 할 수 있습니다.

　이처럼 『이종열의 wedding & anniversary cakes』는 자료가 턱없이 부족한 우리의 현실에 비추어 볼 때 매우 소중한 자산이 되리라고 생각합니다.

　이 책은 오직 한 길을 걷고 있는 이종열 개인뿐만 아니라 제과 기술자나 제과를 공부하는 학생들에게도 커다란 성과로 기록되리라 믿고, 부디 『이종열의 wedding & anniversary cakes』가 많은 사람들의 기억 속에서 영원히 사랑받는 소중한 빛이 되길 기원합니다.

Congratulations!

혜전대학 호텔제과제빵과 교수 농학박사 조남지

이 세상에는 많은 종류의 기술 서적이 나와 있습니다. 대부분의 기술 서적들은 독자를 쉽고 편안한 방법으로 이해시키려는 노력보다는 저자의 입장에서 기술해 놓고 있는 것이 현실이라 하겠습니다.

본인의 경험으로 보아도 저자가 알고 있는 기술적 내용과 경험을 체계적으로 정리하여 알기 쉽게 독자에게 설명하기는 어려웠습니다. 이것에 대한 이유로는 기술적 내용과 경험이 상호 보완적으로 작용하지 않기 때문입니다.

제가 추천하고 있는 『이종열의 wedding & anniversary cakes』는 기술 서적으로는 보기 드물게 저자가 직접 체험한 경험을 오랜 동안의 시행착오와 교육 경험을 바탕으로 아주 쉽게 설명하고 있는 책입니다.

특히 케이크에 사용되는 각각의 재료들에 대한 자세한 설명과 함께 실용적인 작품들을 다양하게 수록하였고 데커레이션 기법에는 한국적인 미와 특성을 나타내는 전통문양과 모양을 살려 창조적인 미를 더하였습니다.

『이종열의 wedding & anniversary cakes』는 케이크를 공부하는 많은 학생과 기술자들에게 자세한 지침서가 될 것이라고 확신합니다.

Congratulations!

최두리 슈거아트 웨딩케익 교실 최두리

 일본과 영국에서 슈거 아트를 배워와 한국에서 최두리 교실을 열고 기술을 전수해 온지도 어언 10년이란 세월이 흘렀습니다.

 그동안 많은 제자들이 배출되었고 제 각각 여러 분야에서 많은 활동들을 하고 있습니다. 그 중에서 특히 슈거 아트에 뛰어난 재능과 열성을 갖고 슈거 크래프트 교실을 열어 기술 전수에 열중하시던 이종열 선생이 슈거 크래프트 책을 출간하게 되었다니 기쁘기 한량없습니다.

 [青取之於藍而青於藍]이란 『순자』의 〈권학편(勸學篇)〉에 나오는 말처럼 스승보다 뛰어난 제자의 출현이야 말로 가르치는 입장에서 가장 큰 기쁨이 아닌가 합니다. 유럽이 종주국인 슈거 아트를 우리의 문화와 혼이 깃든 슈거 아트로 발전시켜 나가기 위해서 서로 열심히 연구하고 노력하자는 말로 출간 축하사를 가름하고져 합니다.

 다시한번 책 출간을 축하드립니다.

Wedding Cake의 유래

Wedding Cake의 유래는 로마시대까지 거슬러 올라간다. 그 시대에는 신이 인간에게 제공하는 음식물인 풍부한 과일, 견과류, 꿀을 이용한 기본적인 푸르츠 케이크가 웨딩케이크에 사용되었다. 이 케이크를 신부의 머리 위에서 부수었으며 이렇게 하면 신들이 만물의 풍요로움으로 신부를 축복한다고 믿었다.

줄리어스 시저가 기원전 54년 영국을 점령했을 때 웨딩 케이크도 다른 로마의 전통과 함께 소개되어 영국 관습의 한 부분으로 자리 잡았다. 처음부터 부유한 계층에서만 받아들여졌으며 가난한 계층은 그들의 결혼이 풍요롭길 기원하면서 밀이나 옥수수를 뿌렸다. 이러한 관습은 200여 년 전까지도 계속 되었고 이후 웨딩 케이크는 많이 변화했다. 장식은 점진적으로 변화했으며 지금은 일반적인 여러 층의 웨딩 케이크까지 발전했는데 초기에는 왕족이나 상류층에서만 이러한 여러 층의 케이크가 쓰여졌고 나머지는 단층 케이크에 가끔 장식을 위해 또는 높이를 높이기 위하여 꽃병을 사용하기도 했다.

3층 케이크는 3개의 반지를 의미하면서 전통이 되었는데 그 3개의 반지는 약혼, 결혼, 영원을 의미한다. 이어 곧 중류층에서도 3층 케이크가 유행처럼 번졌고 손님들을 위해서도 더 많은 케이크가 필요했다. 결과적으로 1층 정도는 남았고 그 케이크는 부부의 첫아기 세례식 때까지 보관했다.

초기부터 꽃은 축하연이나 종교의식에 빠져서는 안될 중요한 부분을 차지했으며 오래 전부터 웨딩 케이크 디자인에 꽃이 사용된 것은 자연스러운 일이라 하겠다.

웨딩 케이크의 스타일은 각 시대의 유행을 반영하며 해마다 발전해 왔다. 과거에는 건축양식과 비슷하게 크고 형식적인 원형 케이크였으나 현재에는 디자인이 비형식적이고 덜 엄격하며 종종 다양한 형태의 케이크 받침대가 사용되기도 한다.

꽃은 어느 때보다도 더 웨딩 케이크에서 중요한 부분을 차지하며 매우 다양한 슈거 플라워와 장식이 사용되어 웨딩 케이크를 주문하는 신부들에게 그만큼 넓고 다양한 선택의 폭을 제공할 수 있다.

비록 이 웨딩 케이크가 서구 문화에서 발전되어 오긴 했지만 우리 나라의 고전적인 문양과 주변에서 흔하게 볼 수 있는 우리 나라의 자생꽃 그리고 가장 한국적인 것이 가장 세계적이라 하는 전통 문화 등을 접목하여 발전시킨다면 우리 나라의 제과 발전 뿐만 아니라 나아가 세계적인 제과 발전에 커다란 도움이 되리라 생각한다.

part 1

Sugar

craft

1. 슈거 크래프트란?

슈거 크래프트는 창조적인 예술로 설탕을 사용하여 특별한 이벤트에 쓰이는 케이크를 장식하는 것을 말한다. 이 슈거 크래프트는 영국에서 유래했으며 현재는 미국, 호주, 뉴질랜드, 일본, 남아프리카공화국과 인도 등에 퍼져 있고 점차 새롭게 인식되어 찾는 사람이 증가하고 있다. 슈거 페이스트 기법은 로열 아이싱의 기법과 함께 적용되어 슈거 크래프트가 많은 선진국에서 하나의 산업으로 꽃 피었으며 슈거 크래프트는 다른 공예와 마찬가지로 디자인이 핵심이나 색상, 재질, 모양과의 조화가 적절한 지도와 훈련, 경험, 연습을 통해 이뤄져야 한다.

2. 재료

(1). 설탕

설탕(sucrose)은 탄수화물의 소당류 중 자당(설탕)으로 과실, 꽃, 종자 등 식물계에 널리 존재하며 사탕무나 사탕수수에 가장 많이 함유된 것을 공업적으로 추출, 정제한 것이다. 원액은 원심 분리기를 통하여 자당의 결정을 분리할 때 자당 결정을 여섯번까지 분리하게 되는데 처음에 분리한 당일수록 순도가 높고 횟수가 증가할수록 당액이 착색되기 때문에 1~2번 당은 상백당(백색), 3~4번 당은 중백당(엷은 갈색), 5번 당은 삼온당(진한갈색)이 된다. 정제당(refined sugar)의 제품은 입상형과 분당이 있다. 입상형 당은 종류에 따라 용도가 다르기 때문에 제품의 목적에 맞는 것을 선택해야 한다.

Sucrose
(비환원당)

* 분당(powdered sugar)

입상형 당을 분쇄하여 미세한 분말로 만든 다음 고운 눈금을 가진 체를 통과시켜 얻는다. 입자의 크기에 따라 2X~12X 까지 분류하며 X표의 숫자가 클수록 미세한 제품으로 일반적으로 사용하는 분당은 6X와 10X 제품이다. 6X는 표준화된 분당으로 설탕 충전물 제조에 주로 사용하며 10X는 아주 미세한 분당으로 내용물과 아이싱에 이용된다. 분당은 입자가 미세하기 때문에 표면적이 커서 그만큼 수분을 흡수하는 성질이 강하기 때문에 보관중에 고화되어 단단해진다. 이런 분당의 고형화를 방지하기 위하여 3%~5% 정도의 전분을 첨가한다. 데커레이션에 사용되는 로열 아이싱의 경우에는 전분이 섞이지 않은 순수한 분당을 사용한다.

분당의 일반적인 체 분석표

항 목	6X	10X	12X
체 분석			
70 mesh상분	0.5% 이하	0.5% 이하	0.01% 이하
100 mesh상분		0.15% 이하	
200 mesh상분	91.5~97.5%	97% 이상	99.5%
325 mesh상분			98.5%

(2) C.M.C.(Sodium Carboxymethyl Cellulose)

C.M.C.의 일반적 특성은 흡수성이 큰 백색 또는 미백색의 분말로서 물에 용이하게 녹아 점성을 나타내며 점조한 호액이 된다.

1) C.M.C.를 다른 분말 원료와 미리 혼합하여 용해하는 방법

C.M.C.의 가루 멍울의 생성을 방지하기 위하여 다른 분말 원료(예: 설탕, 무기 분말원료 등)와 함께 사용하는 경우에는 C.M.C.와 다른 분말 원료를 미리 균일하게 혼합한다.

2) C.M.C.의 온도 변화에 따른 점도의 영향

C.M.C.수용액은 일반적으로 온도가 높아질수록 점도가 낮아지며 다시 온도를 냉각하면 본래의 점도로 회복이 가능하다. 이러한 점도 변화는 60℃까지는 가역적인 변화를 나타내지만 60℃ 이상으로 온도를 상승시킬 경우 분자배열의 변화가 발생되어 그 이하의 온도로 냉각하여도 본래의 점도로의 회복이 불가능할 수도 있다.

3) pH변화에 따른 점도의 영향

C.M.C.는 비교적 넓은 pH영역에서 일정한 점도를 유지하는데 일반적으로 pH7~9에서 최고의 안정성과 점도를 유지한다.

4) 타 물질과의 상용성

C.M.C.용액에 젤라틴을 가했을 때 점도의 급격한 상승을 나타내는데 이 용액에 염이 존재할 경우에는 C.M.C.나 C.M.C.와 젤라틴의 복합물 점도를 저하시키는데 영향을 주지만 본질적으로 급격한 점도 증가를 막지는 못한다. 또한 설탕용액에 C.M.C.를 가했을 때 아래와 같은 영향을 줄 수 있다.

① 점성의 상승 작용

② 설탕의 결정성장을 방해하기 때문에 결정화 방지

③ 증발에 의한 수분 손실의 줄임

5) C.M.C 의 용도

아이스크림, 밀크샤벳, 파이, 푸딩, 바베큐용 소스, 절임 식품, 반 건조식품, 잼, 젤리, 케찹, 케이크, 도넛, 아이싱, 제빵, 유산균 음료, 유음료, 과일 음료, 분말 주스, 인스턴트 식품 등 이밖에도 많은 식품류와 공업용으로도 사용된다.

(3) 젤라틴(Gelatin)

동물의 뼈나 가죽, 건(腱) 등에 함유된 불용성 단백질 콜라겐을 물과 함께 가열 분해하여 수용성으로 한 것이며 양질의 재료를 써서 정제도가 높고 담색(淡色)의 투명한 것이 식용 젤라틴이다. 다소의 불순물을 포함하고 농색이 불투명한 것은 아교라 한다. 원료를 석회수에 담가 지방을 제거한 다음 증기 솥에서 가열하여 콜라겐을 젤라틴화하고 불순물을 제거하여 건조한다. 건조법에 따라 박판상, 입상, 분말상의 것이 있다.

＊ 젤라틴의 주성분

젤라틴은 아미노산들로 구성되어 있으며 필수 아미노산이 적어 불완전 단백질로 분류되며 전반적으로 영양가가 낮아 다이어트 식품으로 이용되고 있다. 젤라틴은 천연 검 물질과 마찬가지로 물과 함께 가열하면 35℃ 이상에서 녹아 친수성 콜로이드를 형성하나 이 온도 이하에서는 반고체 상태인 겔로 존재하는데 0.2~0.5%의 매우 낮은 농도에서 단단하고 투명한 겔을 형성한다.

(4) 계란(Egg)

계란은 껍질(egg shell), 껍질막(shell membrane), 흰자(albumin 또는 egg white), 노른자(egg yolk), 기실 및 알끈으로 이루어져 있다. 흰자는 전체 중량의 약 60%를 차지하며 농후 난백과 점도가 낮은 수용성 난백 및 난황을 고정하는 나선상의 알끈으로 구성되어 있다. 노른자는 노른자 막으로 둘러 싸여 있으며 노른자 막의 두께는 10㎛로 기계적 강도가 크나 흰자가 묽어지면 강도는 저하된다. 신선한 계란의 pH는 9 정도이지만 기포의 안정성은 등전점(등전점: 수용액 중에서 수산화알루미늄 등의 양성(兩性) 전해질이 이온화하여 생기는 음양(陰陽) 양(兩)이온의 전하(電荷)가 같아지는 상태) 부근(pH4.6~4.9)에서 가장 크므로 pH를 낮춰 단단한 기포를 형성시키기 위해서는 소량의 레몬즙(흰자의 1%)이나 타타르크림(흰자의 0.4%)을 첨가한다.

1) 흰자분말(powdered white)

액란을 건조한 후 분말화시켜 저장성을 높인 것으로서 건조 방법은 열풍 분무건조나 동결건조를 행한다. 건조물에서의 문제점은 흰자에 미량 함유되어 있는 포도당 등의 유리 환원당에 의해 아미노카르보닐반응을 일으키고 갈변하며 이에 따라서 이취를 발생시킨다. 이를 방지하기 위하여 건조전에 이스트를 0.2~0.3%를 가하여 발효 시켜서 당분을 제거하거나 포도당을 환원시키는 글루코오스 옥시다아제를 첨가하는 방법 또는 pH를 7.0~7.3으로 조절한 후 과산화수소를 6시간 가량 연속적으로 가하여 탈당시키는 방법 등을 사용한다. 건조란은 기포성의 저하 등 액란에 비해 품질의 저하가 일어나기 쉬우나 아이스크림, 냉과, 분말 인스턴트식품 등에 광범위하게 사용되고 있다.

2) 액상흰자(fresh egg white)

껍질을 제거한 전란을 흰자와 노른자로 분리 액난황과 액난백으로 나눌 수 있는데 액난백이 액상 흰자이다. 이것을 꽃 반죽 농도 조절용 또는 로열 아이싱을 만들때 사용한다.

(5) 물엿(Starch syrup)

물엿은 전분을 가수분해하여 포도당을 만드는 과정에서 당화를 중지시켜 덱스트린(덱스트린(dextrin): 녹말을 효소. 산 등으로 분해하여 얻어지는 여러 가지 중간 생성물의 총칭)과 당분의 비율이 일정하게 유지되도록 만든 제품이다. 덱스트린은 맥아당이나 포도당과 같은 감미를 가지고 있지는 않으나 독특한 점조성과 강한 보수성 및 자당의 재결정화를 방지하는 효과를 가지고 있기 때문에 과자를 제조하는데 중요한 역할을 한다.

물엿은 이러한 덱스트린의 특성과 맥아당이나 포도당의 감미가 합쳐져서 끈적거리는 점조성과 달콤함을 갖는 특유의 성질을 갖게 된다. 그러므로 물엿은 단순히 감미를 내는 목적 외에 과자를 촉촉하게 만들 때 또는 설탕시럽 제조시 재결정 방지를 원할 때 이용한다. 물엿 제조의 원료로는 옥수수 녹말, 감자 녹말, 고구마 녹말 등이 주로 사용되나 타피오카(tapioca) 녹말, 사고(sago) 녹말, 밀 녹말 등도 사용한다.

1) 산 당화물엿

산 당화물엿은 전분을 산으로 가수분해시킨 후 이것을 중화, 정제, 농축하여 수분함량이 14~17%가 되도록 만든 것으로 포도당, 맥아당, 과당류 및 덱스트린으로 구성되어 있다.

원료정제–담금–당화–중화–여과–탈색–최종농축(무색투명) 이것은 주로 캔디류나 잼 등을 만드는데 쓰인다.

2) 맥아물엿

예로부터 만들어져 온 것으로 녹말 또는 곡물의 엿기름에 포함되어 있는 효소의 분해 작용에 의해 덱스트린과 맥아당으로 분해된 것으로 캐러멜같은 독특한 엿의 풍미를 살리는 과자류에 쓰인다.

(6) 쇼트닝(Shortening)

식물성 기름에 수소를 첨가하여 반 고형상의 유지로 만든 것으로서 유지가 100%이며 주로 식품 공업용 원료로 사용된다. 마가린처럼 유화시키지는 않았지만 자유롭게 케이크나 빵 반죽에 떼어 넣거나 버터크림과 같은 모양으로 갤 수 있는 유연성이 있다. 원래는 미국에서 라드(돼지기름)의 대용품으로 1919년경에 만들어졌는데 다량으로 생산되는 목화씨 기름의 이용과 아울러 부족한 라드에 대처할 목적으로 만들어진 것이다. 처음에는 목화씨 기름에 쇠기름을 섞어 만들었으나 그 후 수소첨가에 의한 경화유가 발명됨에 따라 목화씨 기름과 콩기름을 경화한 것을 주원료로 쓰게 되었는데 그것이 현재의 쇼트닝의 기초가 되었다. 원료는 특히 정제를 잘 하는 것이 중요하다. 통상의 식물성 기름보다도 산화에 대한 안정성이 좋기 때문에 광범위하게 사용할 수 있다.

1) 쇼트닝의 성질

쇼트닝이라는 것은 영어의 shortness에서 온 것으로 쇼트닝에는 쇼트네스성, 크리밍성, 조도(consistency), 보존안정성 등의 모든 성질이 있다. 쇼트네스성은 쇼트닝을 가루에 반죽했을 때 기름이 가루의 주위를 덮어서 가루 상호간을 차단하거나 전분과 글루텐의 고착을 방지하기 때문에 제품에 취약함이 발생하고 쉽게 부숴지는 상태가 된다. 크리밍성은 가루, 설탕 등과 잘 섞이며 공기를 품고 있기 때문에 제품의 형태가 좋아진다. 또한 조도는 점성을 넓은 온도대에서 변화없이 유지하는 성질이 있어 높은 온도에서도 부드러워지지 않으며 냉온에서도 단단해지지 않기 때문에 사용할 때 편리한 점이 많다. 보존 안정성은 산패에 대한 저항성으로 쇼트닝에서는 이 성질로 인해 특히 가스로서 산화에 대해서 작용성을 가지지 않는 질소 가스가 이용되고 있다. 따라서 비교적 보존기간이 긴 쿠키나 비스킷에서도 보존안정성이 양호하다. 서구에서는 쇼트닝이 튀김용으로도 이용되는 경우가 많고 또한 새로운 타입의 것으로서 액체 쇼트닝과 분말 상태의 쇼트닝도 생산되고 있다.

2) 쇼트닝의 용도

제과, 제빵용 이외에 튀김, 아이스크림, 햄, 소시지 등에도 사용된다. 쇼트닝은 빵 반죽이나 버터크림을 만들 때 공기를 포함시켜 과자를 부풀게 하는 크림성과 비스킷이나 쿠키를 만들 때 제품이 입 안에서 곱게 부서져 잘 녹는 쇼트닝성을 갖는 것이 특징이다. 이것은 마가린 보다 약 10년 늦게 미국에서 개발된 가공 유지로 여기에 포함되어 있는 가스의 작용에 의해서 제과나 제빵시에 당으로부터 분산된 가스가 발효탄산가스 또는 베이킹 파우더에서 발생한 탄산가스를 모아서 반죽을 좋게 하고 제품의 외관을 좋게 하는 효과가 있다.

(7) 농축 레몬즙(Lemon juice)

레몬을 착즙하여 정제 농축한 것으로 슈거 파우더 반죽시 설탕의 재결정 방해와 반죽의 흰색 유지 또는 로열 아이싱의 단단함을 유지시키는 역할을 한다.

(8) 물(Water)

물이 없다면 생명은 존재할 수 없으며 대부분의 세포는 전체 중량의 70~90%가 물로 이뤄져 있다. 물은 생체 및 식품에 필수 성분으로 존재하며 그 식품의 형태나 구조 또는 맛에 큰 영향을 주고 그 함량은 식품의 품질을 결정하는데 매우 중요한 역할을 한다.

물 분자는 수소와 산소의 공유결합 및 수소 결합을 하고 있고 H와 OH로 해리되어 양성을 지니며 또한 극성(polarity)을 이루므로 각종 염류 및 CO_2, O_2 그리고 모든 용질에 대하여 용매로 작용한다. 물은 융해열이 크기 때문에 결빙이 쉽게 일어나지 않을 뿐만 아니라 어는점과 끓는점 사이가 100℃나 되므로 광범위한 온도 범위에서 물이 액체 상태를 유지할 수 있어 그 이용도가 크다.

(9) 밀가루(Flour)

밀가루는 기본적으로 단백질 함량에 따라 강력분, 중력분, 박력분으로 나누며 반죽의 점성과 탄성이 강하고 약함은 밀가루 단백질의 질과 양에 따라 달라지기 때문에 밀가루는 원료 밀의 종류에 따라 결정된다. 제빵용으로 사용되는 강력분은 경질밀로 만들어지며 제과용으로 사용되는 박력분은 연질밀로 만들어진다. 밀가루는 종류별로 다음과 같은 표기로 사용하기도 한다.

* 강력분 : hard flour, strong flour, bread flour.
* 중력분 : medium flour, all purpose flour.
* 박력분 : soft flour, weak flour, cake flour.

(10) 버터(Butter)

버터는 우유에 함유되어 있는 유지방이 농축되어 뭉쳐진 것으로 원료의 우유에 원심력을 가해 다른 성분보다 비중이 가벼운 유지방을 농축한 것으로 크림단계에서의 유지방을 20~40%로 농축한다.

농축시킨 크림을 70~80℃로 가열하여 살균하고 이로 인해 크림에 함유된 리파제(지질분해 효소) 등의 효소가 활성을 잃게 되고 버터의 보존성을 향상시킨다. 버터는 다른 유지에서는 볼 수 없는 독특한 향과 풍미를 갖고 있으며 외부로부터 가해지는 힘에 의해서 반죽층 사이에서 얇게 밀려져 독특한 층을 형성하는데 이것을 가소성이라 한다. 또한 반죽 안에 혼합되어 있는 얇은 필름 형태로 퍼져서 글루텐의 형성을 막아주는 쇼트닝성과 교반에 의해서 고운 기포를 만들어내어 반죽을 가볍게 만드는 크리밍성을 갖는 특징이 있다.

(11) 견과류(Mixed dried fruits)

1) 건포도(raisin)

나무에 달린채 과숙(過熟)된 포도를 따서 그대로 햇볕에 건조시키거나 포도를 알칼리액에 담갔다가 건져서 건조시킨 것으로 건포도용 품종으로는 비교적 알이 작으면서 씨가 없고 산도가 낮은 것이 적당하다. 건포도는 그대로 식용으로도 하지만 케이크, 비스킷, 빵 등의 제과 원료로도 널리 쓰이며 특히 건포도는 흡습성이 강하므로 건조한 곳에서 보관해야 하고 미국의 캘리포니아는 세계적으로 알려진 건포도의 산지이다.

2) 호두(walnut)

호두는 열매가 성숙된 가을에 따서 물에 오랫동안 담가두거나 한자리에 쌓아둬 썩힌 육질의 외과피를 제거하고 햇볕에 말린 뒤 딱딱한 내과피를 깨서 종자를 취한다. 지방유를 함유하고 있는 호두는 그 주성분이 리놀레산의 글리세이드이다. 또한 단백질, 비타민B_2, 비타민B_1 등이 풍부하여 식용과 약용으로 많이 쓰인다. 종자는 그대로 먹기도 하고 제사용, 과자, 요리 등에도 이용하며 호두 기름은 식용외에도 화장품이나 향료의 혼합물로서 활용한다.

3) 아몬드(almond)

기원전부터 재배되어 온 아몬드는 복숭아꽃과 유사한 꽃이 피고 장구형으로 편평한 과실이 열린다. 주산지는 지중해 연안과 미국 캘리포니아로 식용 부분은 단단한 핵 속의 알맹이로 달고 향기로우며 초콜릿이나 과자 등에 이용된다.

(12) 럼주와 브랜디(Rum & Brandy)

1) 럼주

럼주는 사탕수수의 당밀을 원료로 한 증류주로 방향성이 뛰어나며 프루츠와 넛츠류가 잘 어울리고 커피와 초콜릿과도 잘 어울린다. 건조 과일을 담그거나 생크림, 버터 크림 등을 만들 때 첨가하면 풍미를 돋운다.

2) 브랜디

브랜디는 원래 포도를 증류하여 만든 술이지만 오늘날에는 포도와 사과, 체리, 배 등의 다양한 과일의 발효주를 증류한 술을 브랜디라고 하며 프루츠 케이크와 시럽에 향을 돋우기 위해 이용된다.

(13) 향신료(Ground mixed spice)

음식을 조리할 때 풍미를 높이기 위해 쓰는 것으로 향기와 자극성을 가진 식물성 물질을 향신료라 한다. 식물의 씨앗이나 열매, 꽃, 잎, 뿌리 껍질 등이 사용되며 그 종류는 매우 많다. 원산지는 대부분 남쪽지역이며 말리거나 가루로 하거나 그대로 쓰기도 한다. 이 책에서는 프루츠 케이크 반죽시에 분말화(가루)된 향신료 또는 액체형의 향신료를 이용한다.

(14) 마지팬(Almond paste)

마지팬이란 명칭은 '앉아 있는 임금' 이라는 뜻의 아랍어 mawthaban에서 유래되었듯이 아주 값비싼 특별식으로서 예전에는 귀족이나 권력자와 같은 특권층만 즐길 수 있었다. 또한 마지팬이 사람들의 인기를 독차지하는 이유는 표백한 아몬드와 아몬드유 그리고 정제된 설탕의 흰색이 사람들로부터 인기가 있었으며 웨딩드레스나 웨딩 케이크 꽃의 선택, 언어적 상징 등은 오늘날에도 여전히 남아있다. 설탕과 아몬드를 갈아서 만든 페이스트로 독일어인 마르치판(marzipan)을 영국식 발음으로 마지팬이라 한다. 프랑스에서는 아몬드 이외의 견과를 사용할 경우 마스팽(massepain)이라는 용어를 쓰며 아몬드 페이스트를 파트 다망드(pate d'amandes)라고 한다. 유럽은 마지팬 성분에 따라 일정한 규격을 정해 놓았고 나라마다 차이는 있지만 일반적인 규격은 당분 68%, 수분 12.5%이며 아몬드 함량이 전체의 1/3 이하인 페이스트는 마지팬이라 하지 않는다. 마지팬이 갖는 부드러움이 꼭 점토와 같고 착색하기 쉽기 때문에 꽃, 동물등의 조형을 비롯해 여러 가지 조형이 가능하다. 마지팬을 굽는 과자에 이용할 경우 아몬드와 설탕이 1:1 기본이며 세공용인 경우 설탕량을 늘려 1:2로 한다.

독일식은 마르치판로마세(marizipanrohmasse 줄여서 로마세 또는 로마지팬)를 만든 후 설탕(슈거 파우더)을 섞어 기준 배합 비율(아몬드 2:설탕 1)로 젖은 아몬드를 사용하고 설탕을 끓이지 않고 그대로 사용한다. 프랑스식 마지팬은 처음부터 설탕 비율이 1:2로 만들며 아몬드와 설탕의 결합이 치밀하고 결이 고우며 색이 희고 향과 색소를 넣어 이용하기가 좋다. 프랑스 마지팬은 건조한 아몬드를 사용하고 설탕은 일정한 온도로 끓여서 사용한다.

(15) 식품의 색(Colors of food)

사람이 음식을 대할 때 처음으로 느끼는 감각적 요소가 식품의 색이다. 어떤 가공식품이나 저장 식품의 색이 본래의 색소가 변화했거나 가공 과정중 식품 성분의 상호작용에 의해서 새로운 색소가 형성되었음을 의미하며 이러한 외적 색깔의 변화는 비타민, 아미노산, 맛, 향기 성분 등의 내적인 성분 변화도 함께 가져온다. 식품의 역사를 보면 옛날부터 밝고 산뜻한 색깔을

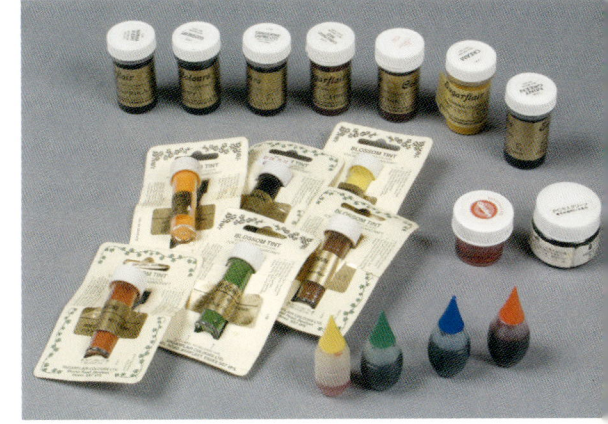

갖고 있는 생원료를 그대로 사용하여 시각적으로 아름답게 만들어져 왔다. 자연색소는 그 출처에 따라 식물성 색소와 동물성 색소로 크게 나눌 수 있으며 식물성 색소는 다시 용해성에 따라 물에 녹지 않고 유지 용매에 녹는 지용성 색소와 물에 녹는 수용성 색소로 구분한다. 이 책에서 사용된 색상들은 페이스트형 색소와 분말형 색소, 액체형 색소 등을 이용하였다.

1) 페이스트형 색소(paste colors)

크리스마스 빨강, 감초 검정, 크림, 블루베리, 밤나무, 짙은 적자색(포도주 빛깔), 메론, 탄제린, 짙은 갈색, 아이스 블루, 민트 그린, 오디색(붉은 빛이 도는 진한 보라색), 네이비, 파프리카, 에그 옐로우, 가을 나뭇잎, 보라색, 크리스마스 녹색 등이 있으며 꽃반죽이나 커버 반죽에 소량씩 섞어 사용한다.

2) 분말 색소(powder colors)

금색, 복숭아색, 블루벨(종 모양의 푸른 꽃이 피는 식물, 청색 쟈스민 등, 〈英〉 야생의 히아신스) 모스그린, 핑크, 은색, 흰색, 갈색, 크림색, 살색, 가을빛 금색 등이 있다. 분말색소는 알코올에 섞어 사용하기도 하고 순금분말이나 순은분말은 물에 섞지 않고 반드시 알코올에 섞어 사용해야한다.

3) 액체형 색소

액체형 식용색소는 에어 브러시를 이용할 때 또는 슈거 페이스트, 로열 아이싱 등에 섞어 사용하기도 한다.

4) 슈거 크래프트용 펜

케이크에 섬세한 선이나 무늬 등을 그려주거나 또는 모델링 반죽으로 만든 얼굴의 눈을 그려주거나 입술 등을 그려줄 때 사용한다.

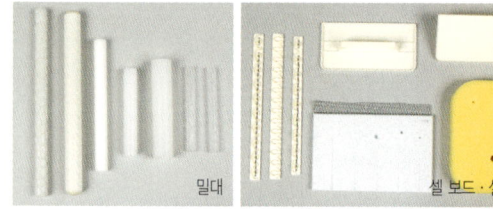

밀대   셀 보드 · 셀패드

3. 도구와 사용방법

✽ 플라스틱 밀대(rolling pin) : 반죽을 밀어 펼 때 반죽이 잘 붙지 않고 매끄럽게 밀어 펼 수 있다.
✽ 셀 보드(cel board) : 꽃 반죽을 밀어 펴거나 홈이 파진 곳을 이용해 나뭇잎 또는 꽃잎을 밀어 펼 때 유용하다.
✽ 체 : 섬세한 꽃을 만들기 위하여 150㎛~180㎛ 체에 슈거 파우더를 내려줄 때 사용한다.
✽ 소형 밀대(rolling pin) : 작은 모양의 꽃을 밀어 펴거나 꽃잎에 주름을 줄 때 사용한다.

✽ 무늬밀대 : 스모킹(smocking), 레이스, 벽돌, 바구니 등 여러 가지 문양이 있으며 필요시 적절하게 사용한다.

✽ 누비질 도구(quilting tool) : 박음질한 것처럼 표현할 때 쓰인다.

✽ 둥근 봉(bone) : 작은 것은 은방울꽃 등 작은 꽃을 만들 때 이용하며 큰 것은 꽃잎이나 나뭇잎 등에 웨이브를 줄 때 이용한다.

✽ 끝이 약간 구부러진 봉 : 꽃잎을 늘여주거나 가장자리를 얇게 펴줄 때 또는 볼륨을 줄 때 사용한다.

✽ 크고 둥근 봉 : 큰 꽃잎을 늘일 때 또는 큰 홈을 만들 때 사용한다.

✽ 핀셋 : 꽃을 엮거나 꽂을 때 또는 백합종류의 암술을 만들 때 사용한다.

✽ 요지(cocktail stick) : 작은 홀을 만들거나 레이스에 프릴을 줄 때 사용한다.

✽ 붓 : 분말색소를 칠하거나 꽃잎에 식용풀을 바를 때 사용한다.

✽ 셀 패드(cel pad) : 꽃이나 잎, 레이스 등의 가장자리를 자연스럽게 웨이브(wave)를 만들어 줄 때 사용한다.

잎 모양틀

✽ 가위 : 큰 가위는 커버링을 절단할 때 사용하고 작은 가위는 끝이 가늘고 뾰족한 것으로 꽃잎 등을 다듬어줄 때 이용한다.

✽ 꽃 테이프 : 꽃을 엮을 때 또는 잎을 엮어줄 때 사용한다.

✽ 파레트 나이프 : 얇은 반죽을 들거나 꽃 모양 또는 어떤 모양을 만들 때 커터로 이용한다.

✽ 꽃 모양틀 : 여러 가지 모양의 꽃틀을 모양대로 찍어낼 때 사용한다.

꽃 모양틀

✽ 잎 모양틀(leaf) : 장미 잎, 호랑가시나무잎 , 아이비 잎 등 여러 가지 잎 모양을 만들 때 사용한다.

잎맥 틀

✽ 잎맥틀 : 잎맥을 표현할 때 사용한다.

✽ 철사(wire) : 가는 것은 꽃술과 꽃줄기를 고정시킬 때 사용하기도 하고 굵은 것은 꽃심과 꽃줄기로 사용한다.

✽ 꽃술 : 작은 꽃은 꽃술을 이용하여 꽃을 만들고 큰 꽃은 꽃 반죽으로 꽃술을 만들어 사용한다.

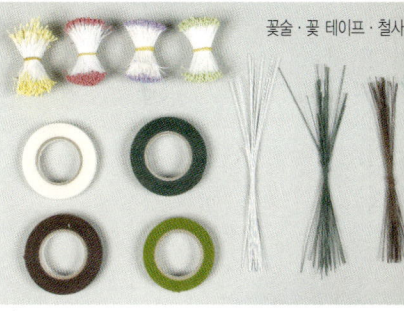

꽃술 · 꽃 테이프 · 철사

✽ 크림퍼(crimper) : 케이크 가장자리에 무늬를 넣어줄 때 사용하는 모양이 있는 집게이다.

✽ 레이스 : 케이크의 장식 등에 사용한다.

✽ 파이핑 튜브(piping tube) : 로열 아이싱을 짤 때 사용한다.

✽ 모양깍지(icing tube) : 여러 가지 모양이 있으며 로열 아이싱을 짤 때 사용한다.

✽ 실 팻(sil pat) : 반죽을 밀어 펼 때 깔아주면 반죽이 붙지 않고 잘 떨어진다.

✽ 리본 : 꽃다발을 엮을 때 또는 케이크 옆 장식에 이용한다.

✽ 스템프(stamp) : 여러 가지 문양의 도장 같은 것으로 옆 장식 등의 모양을 내줄 때 이용한다.

✽ 스무더(smoother) : 마지팬을 케이크에 밀착시키거나 커버링을 매끄럽게 밀착시킬 때 사용한다.

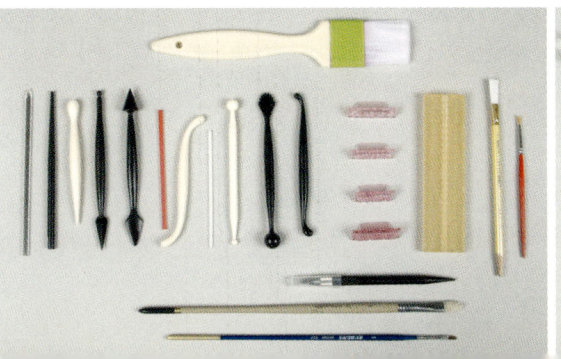
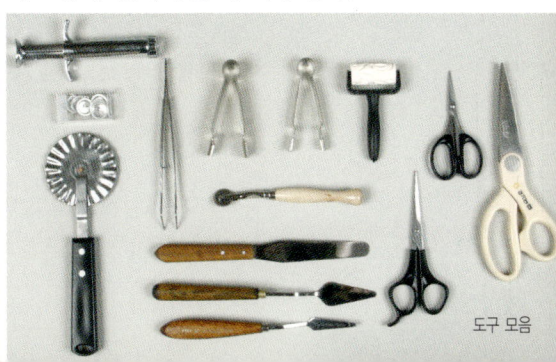

도구 모음

✲ 투명 파일 : 꽃 모양을 여러 개 찍어 보관할 때 또는 밀어 펴기 할 때 사용한다.
✲ 돌림판(turn table) : 케이크에 커버를 씌우거나 레이스 장식을 할 때 또는 로열 아이싱을 할 때 사용한다.
✲ 슈거 크래프트 건(sugar craft gun) : 슈거 반죽을 국수처럼 길게 만들어 쓸 수 있는 도구이다.
✲ 스크래치 나이프(scratch knife) : OHP 필름을 오려 낼 때 사용한다.

4. 견과류를 넣은 케이크(Fruits cake)

(1) 재료(3호:높이 9㎝~10㎝)

박력분(soft flour) 400g
버터(butter) 480g
계란(egg) 600g
소금(salt) 5g
견과류 (mixed dried fruits) 450g
 - (raisin 250g, almond 100g, walnut 100g)
체리 (cherries) 100g
설탕 (sugar) 300g
럼 또는 브랜디 (rum or brandy) 30g
향신료 (ground mixed spice) 0.5 g

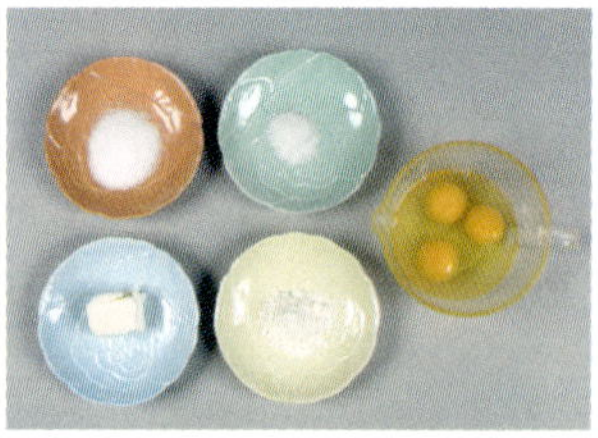
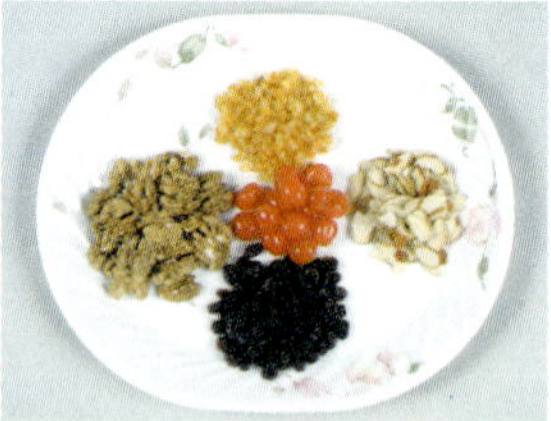
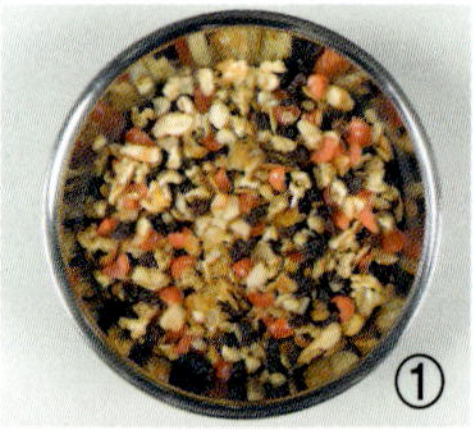

＊ 위 재료중 건포도의 양을 줄이고 잣이나 레몬필, 오렌지필 등을 넣어도 좋다.

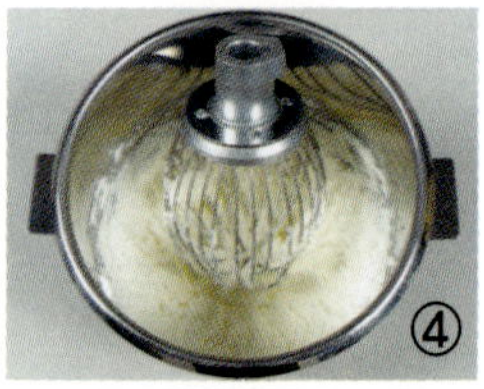

(2) 케이크 만드는법

① 견과류에 럼이나 브랜디를 넣고 고루 섞은 다음 밀폐용기에 담아 냉장고에서 1주일 정도 숙성시킨다.
② 팬에 위생지를 두겹으로 깔아 놓는다.
③ 박력분을 체에 내린다.
④ 버터를 휘퍼로 부드럽게 해준 다음 설탕과 소금을 넣고 크림화시킨다.
⑤ 위에 계란을 조금씩 넣으며 분리되지 않도록 크림화한다.
⑥ 엷은 크림색이 나면 향신료를 넣고 섞어준 후 체에 내려둔 박력분을 넣고 섞어준다.

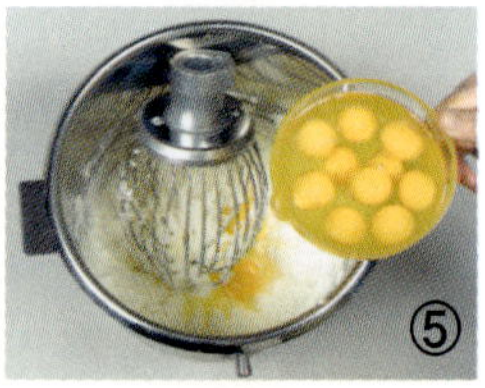

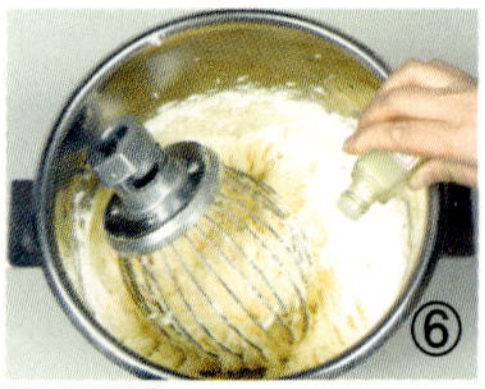

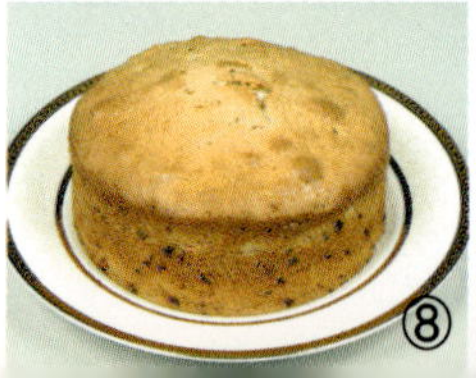

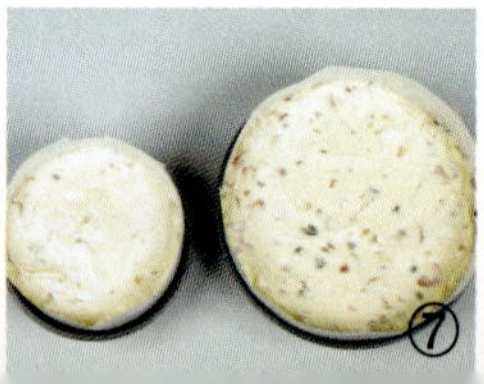

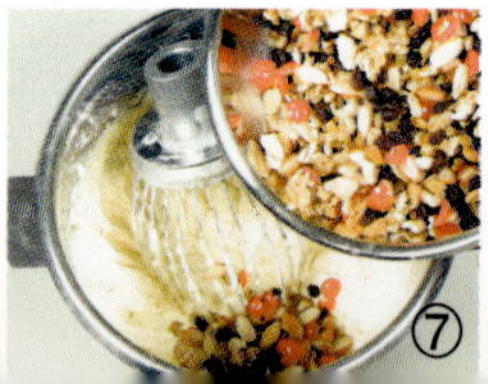

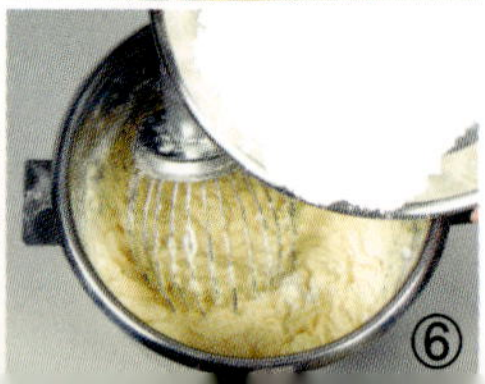

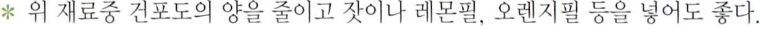

⑦ 위 ①의 견과류를 넣고 섞어준 반죽을 위생지를 깔아둔 팬에 80% 정도 채우고 윗면을 고르게 정리한다.

⑧ 140℃ 예열된 오븐에서 2시간~2시간 30분 정도 굽는다. (굽는 시간은 팬의 크기와 내용량에 따라 달라진다.)

5. 꽃 반죽(Flower paste)

(1) 재료

슈거 파우더 (sugar powder) 1,000g
물엿 (starch syrup) 120g
C.M.C 24g
젤라틴 (gelatin) 22g
흰자분말 (powdered white) 24g
물 (water) 70g
계란흰자 (egg white) 70g
농축 레몬즙 (lemon juice) 5g
쇼트닝 (shortening) 20g

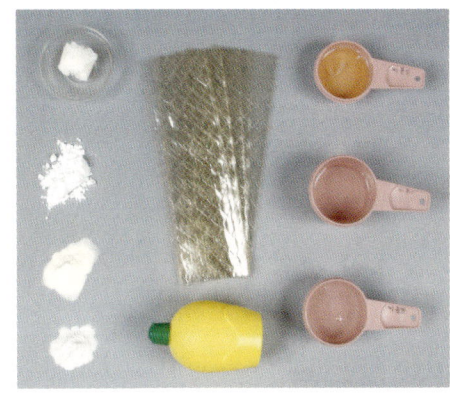

(2) 반죽하는 방법

① 젤라틴에 물을 넣고 10분 이상 충분히 불린다.

② 슈거 파우더와 C.M.C, 흰자분말을 고루 섞이도록 체에 내려준 후 중탕한다.

③ 물엿과 ①의 불려둔 젤라틴도 중탕한다.

④ 계란 흰자는 응고되지 않도록 주의하면서 중탕한다.

⑤ ②와 ③을 섞어 주면서 중탕한 흰자를 넣고 반죽해준다. (＊이때 반죽이 질게 느껴지지만 대리석 위에서 반죽을 하면 반죽의 온도가 내려가면서 탄력이 있는 반죽으로 된다.)

⑥ 대리석과 손바닥에 쇼트닝을 발라 반죽이 붙지 않도록 한다.

⑦ 위 ⑤의 반죽을 대리석 위에 꺼내어 10분 정도 반죽을 하면 반죽에 탄력이 생긴다. 이때 농축 레몬즙을 첨가한 후 5분 정도 더 반죽을 해준 다음 작은 덩이로 만들어 비닐백에 넣고 다시 밀폐용기에 담아 냉장고에 넣어 24시간 정도 숙성시켜 사용한다.

②

③

＊ 많은 양을 반죽기로 반죽할 경우 쇼트닝을 1/2만 첨가하고 나머지 1/2은 대리석 위에서 반죽하며 기포를 정리할 때 사용한다.

⑦　　　　⑤　　　　⑤　　　　④

6. 커버 반죽(Cover paste)

(1) 재료

슈거 파우더 (sugar powder) 3,000g
젤라틴 (gelatin) 70g
물 (water) 270g
물엿 (starch syrup) 480g
쇼트닝 (shortening) 50g
농축 레몬즙 (lemon juice) 15g

(2) 반죽하는 방법

① 젤라틴과 물을 함께 섞어 10분 이상 충분히 불린다.
② 슈거 파우더와 물엿, 물에 담가둔 젤라틴을 각각 중탕한다.
③ 위의 세 가지를 모두 함께 볼에 넣고 나무주걱으로 저어 섞어준다. (＊이때 반죽이 질게 느껴
지지만 대리석 위에서 반죽을 하면 반죽의 온도가 내려가면서 탄력이 있는 반죽으로 된다.)
④ 대리석과 손에 약간의 쇼트닝을 발라주고 대리석 위에서 반죽한다.
⑤ 반죽에 탄력이 생기면 농축 레몬즙을 넣고 5분 정도 더 반죽해준 후 둥글려서 건조되지 않도
록 지퍼백에 넣고 다시 밀폐 용기에 넣어 냉장고에 보관한다.

＊ 많은 양을 반죽기로 반죽할 경우 쇼트닝을 1/2만 첨가하고 나머지 1/2은 대리석 위에서 반죽하며 기포를
정리할 때 사용한다.

7. 케이크에 커버링하기(Covering)

1) 프루츠 케이크의 가장자리를 다듬어 주고 브랜디나 럼을 스프레이한다.

2) 다듬어진 케이크 위에 끓여서 식힌 시럽이나 살구잼 또는 사과잼에 약간의 물을 첨가한 다음 끓
여서 식혀 럼이나 브랜디를 섞어 고루 바른다.

3) 마지팬을 4㎜ 두께로 밀어 케이크 위에 씌우고 스무더로 밀착시킨 다음 여분의 마지팬을 잘라낸다.

4) 마지팬을 씌운 케이크 위에 다시 끓여서 식힌 시럽이나 살구잼 또는 사과잼을 고루 바른다.

5) 커버링 반죽을 4㎜ 두께로 밀어 케이크 위에 씌우고 스무더로 밀착시킨 다음 여분의 반죽을 잘라낸다.

3)   3)   5)   5)

8. 검 페이스트(Gum paste)

검 페이스트를 프랑스어로는 파스티야주(Pastillge : 설탕 반죽으로 만든 과자) 라고 하며 건조되었을 때 매우 단단한 설탕이 되도록 설탕 반죽을 검류와 섞어준 것을 의미한다. 검 페이스트는 만들기 쉽고 빠르며 작은 장식과 장식 액자 등을 만들기에 적합하다.

(1) 재료

슈거 파우더 (sugar powder) 630g
C.M.C. (또는 gum tragacanth) 10g
옥수수 전분 (corn starch) 100g
계란 흰자 (egg white) 110g
농축 레몬즙 (lemon juice) 6g

(2) 만드는 방법

① 분말 형태의 재료들을 체에 내려 고루 섞이도록 한다.
② 분말 형태의 재료를 볼에 넣고 계란 흰자를 넣어 끈기가 생길 때까지 반죽한다.
③ 반죽이 거의 완성되면 농축 레몬즙을 넣고 고루 섞이도록 반죽해준 후 지퍼백이나 밀폐 용기에 넣어 냉장고에 보관하고 필요할 때 사용한다.

9. 모델링(Modelling)

이 반죽은 프릴[Frill : 주름장식, 가장자리 장식과 모델링(예: 동물 등)] 제작에 적합하다.

(1) 재료

꽃 반죽 100g
커버 반죽 100g
쇼트닝 2g

(2) 반죽하는 방법

① 꽃반죽과 커버반죽을 섞어준다. 이때 반죽이 끈적거리면 소량의 쇼트닝을 넣고 반죽한다.
② 반죽을 즉시 사용하거나 지퍼백에 넣어 밀폐 용기에 담아 냉장고에 보관하고 필요할 때 꺼내 사용한다.

10. 식용풀(Edible glue)

(1) 재료

꽃 반죽 100g
커버 반죽 100g
드라이 진(dry jin) 100g

(2) 만드는 방법

① 기구나 용기(뚜껑이 있는 유리병 등)를 끓는 물에 살균한 뒤 완전히 건조시킨다.
② 꽃 반죽과 커버용 반죽을 잘게 자른다.
③ 살균된 용기에 잘라 놓은 반죽과 진을 넣고 뚜껑을 덮어 냉장고에서 2주~1개월 정도 숙성시키면 향기로운 식용풀이 된다.
④ 작은 용기에 필요한 만큼 덜어서 사용하면 항상 꽃잎이나 조형물 등을 깨끗하게 붙여줄 수 있다.

11. 색상 넣기(Coloring)

연한 색을 표현하려면 살짝 찍어서 사용하고 진한 색을 원하면 좀 더 많은 양을 사용한다. 이 용량은 사용하고자 하는 반죽이나 아이싱의 용량에 따라 달라질 수 있다. 둘 이상의 색소를 섞어서 자신이 원하는 색상을 얻을 수도 있다. 흰색을 섞어주면 명암이 낮아진다.

(1) 손으로 색칠하기(Hand-painting)

얼굴 같은 세밀한 표현을 해야하는 부분은 슈거 크래프트용 펜으로 가늘게 표현할 수 있고 그림을 케이크나 판에 옮겨 그리려면 날카로운 도구로 디자인을 그리거나 모양을 직접 케이크나 런 아웃 표면에 그릴 수도 있다. 다양한 크기의 질이 좋은 페인트 붓(예를 들면 No.00, 0, 1, 2)을 사용해서 페이스트 또는 분말형 식용색소를 발라준다. 색소는 파레트에 진이나 보드카 같은 깨끗한 알코올과 함께 섞어준다. 흡수력 있는 키친 타올로 아이싱의 표면을 녹일 우려가 있는 붓의 과도한 수분을 제거한 뒤 사용한다. 그림을 주의 깊게 살핀 다음 색소를 적절히 배합, 사용하여 좋은 효과를 얻도록 한다. 배경을 먼저 칠하고 점차적으로 세밀한 부분, 강조할 부분, 필요하다면 가장자리를 눈에 띄게 표현하면서 그림을 완성한다. 시간이 오래 걸리면 색소에 물을 첨가해서 가능한 알코올이 빠르게 증발하는 것을 방지한다. 그러나 금 분말, 은 분말은 반드시 알코올에 섞어 사용한다.

(2) 분말색소 칠하기

분말형 색소로 칠할때는 너무 많은 양의 색소를 사용하지 않도록 한다. 너무 진한 색은 옥수수 전분이나 흰색 꽃잎용 가루로 보완해주고 이때는 납작하거나 둥근 붓을 사용한다.

12. 에어 브러시(Air brush)

(1) 도구

에어 브러시, 에어 봄베이(또는 컴프레서), 피스 걸이, 스크래치 나이프, OHP (Over Head Projector)필름, 식용색소.

(2) 에어 브러시로 표현하기

에어 브러시는 글자 그대로 공기로 된 붓을 이용하는 기법이므로 분사하는 놀림을 익숙하게 숙달시킬 필요가 있다. OHP 필름을 이용할 수도 있고 또는 어떤 물체를 놓고 안쪽이나 가장자리에 식용색소를 분사해 표현할 수도 있다.

1) 먼저 밑그림을 선택한다.
2) OHP 필름에 밑그림을 색의 숫자만큼 복사한다.
3) 스크래치 나이프로 같은색의 공간만 오려낸다.
4) 오려낸 OHP 필름을 케이크 표면 또는 검 페이스트나 모델링으로 만들어 건조시킨 뒤에 고정시킨다.
5) OHP 필름의 오려진 부분에 색소를 분사한다.
6) 한 가지 색이 끝나면 에어 브러시를 물에 잘 씻어내고 또 다른 색소를 넣어 작업한다.

13. 꽃 모양틀 만들기

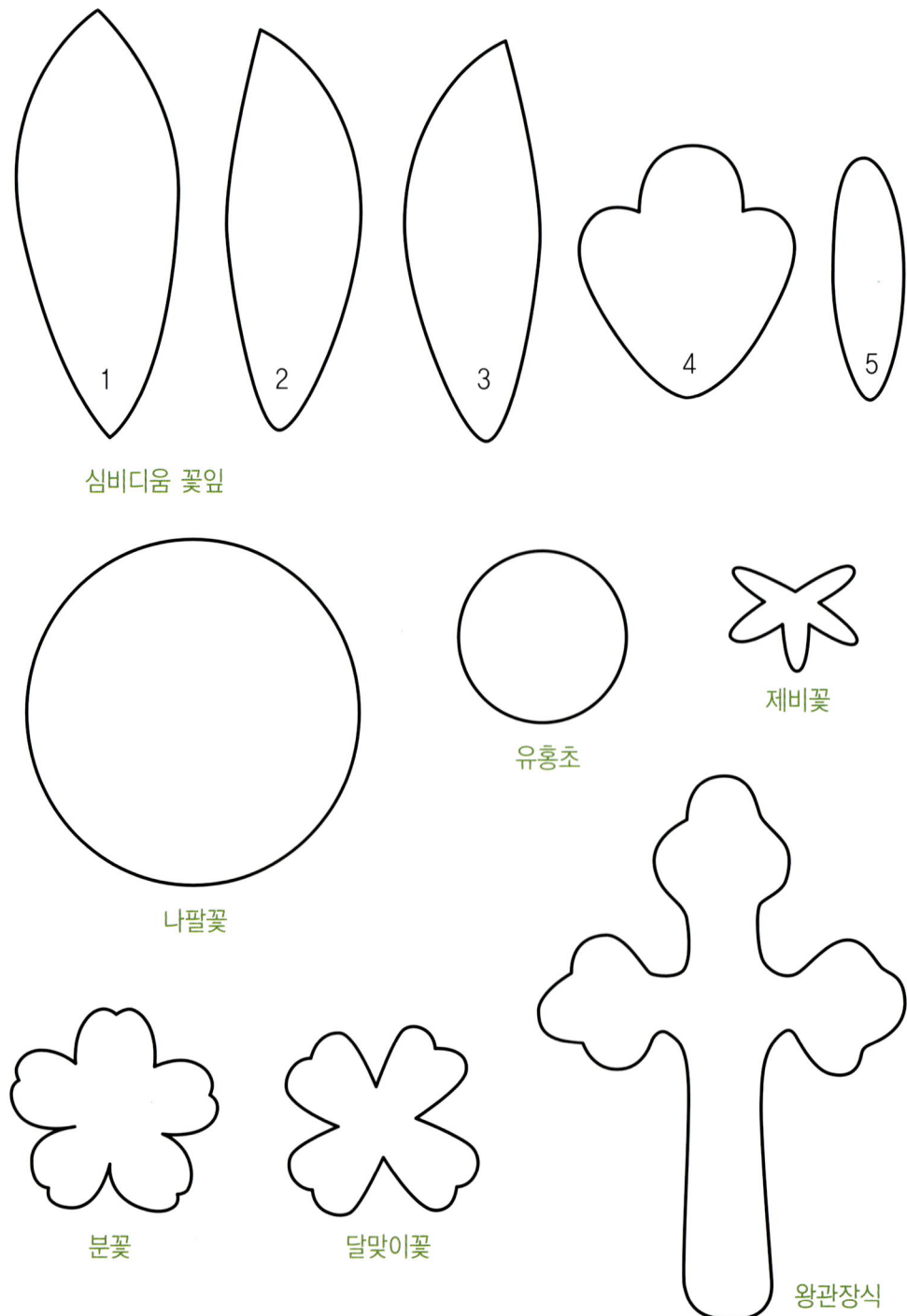

심비디움 꽃잎

유홍초

제비꽃

나팔꽃

분꽃   달맞이꽃   왕관장식

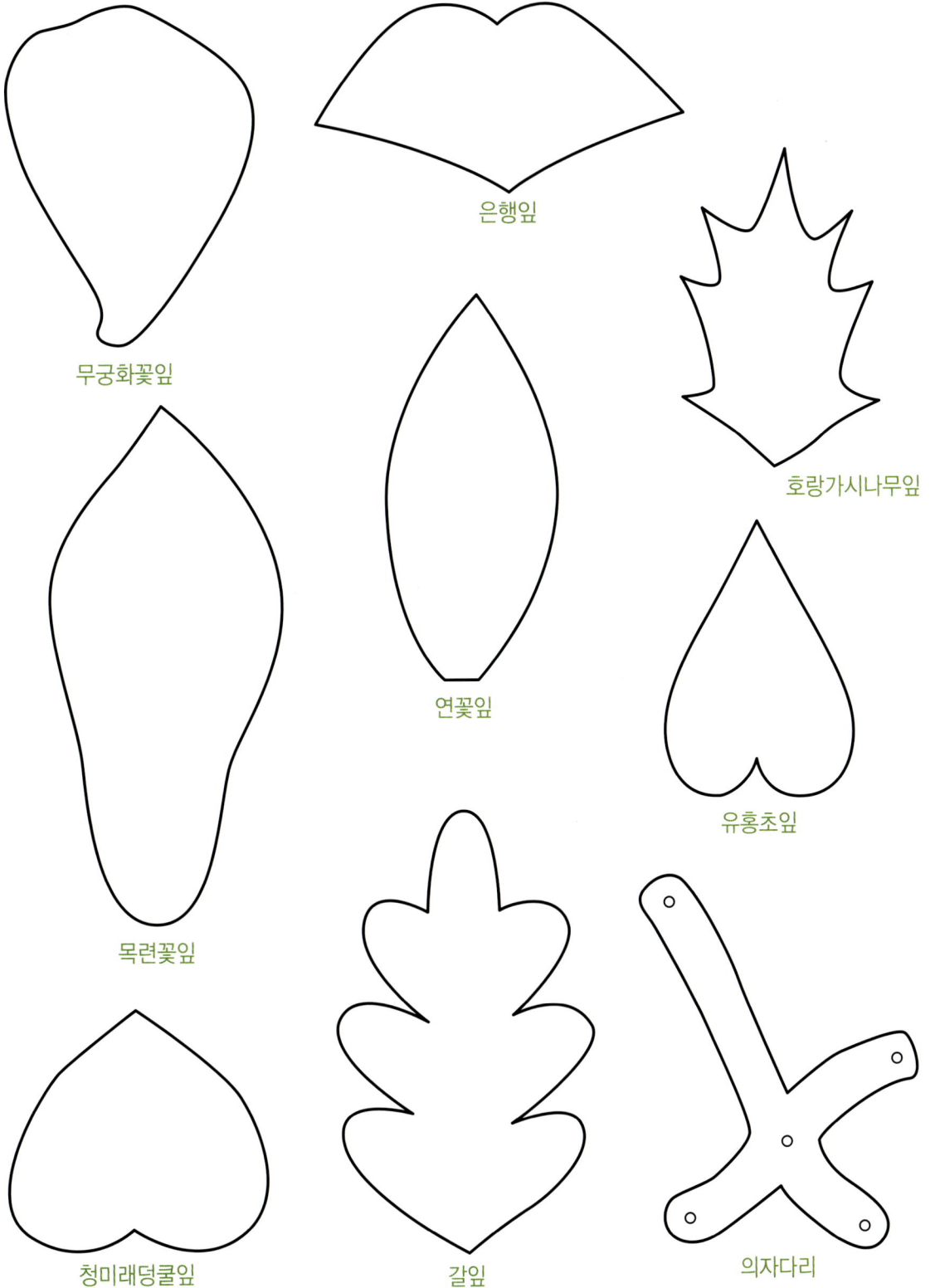

무궁화꽃잎

은행잎

호랑가시나무잎

연꽃잎

유홍초잎

목련꽃잎

청미래덩쿨잎

갈잎

의자다리

part 2

Royal

icing

1. 로열 아이싱 만들기 (Making royal icing)

 섬세한 작업일수록 강한 로열 아이싱을 사용해야하는데 좀더 강한 아이싱이란 더 된 반죽을 사용해야 한다는 의미가 아니라 반죽에 사용되는 재료가 다르다는 의미이다. 로열 아이싱에 사용되는 아이싱(제과용)설탕은 고와야 하며 사용직전에 체로 쳐 줄 필요는 없으나 매우 섬세한 파이핑 작업을 위해서는 매우 고운 아이싱 설탕을 사용해야만 한다. 만약 이런 설탕을 구할 수 없다면 로열 아이싱이 다 만들어진 후에 150~180㎛ 체에 걸러주면 좋다.(모슬린 천이나 사용하지 않은 깨끗한 스타킹이나 타이즈에 걸러 줘도 된다.) 큰 케이크를 코팅하거나 작은 데커레이션 파이핑에 따라 원하는 양만큼 로열 아이싱을 만들 수 있다. 빠른 반죽법에 의하면 양에 관계없이 알부민(흰자) 1에 아이싱 설탕 5½의 비율로 섞어준다.

(1) 알부민의 종류(Types of albumen)

1) 순수한 알부민 (pure albumen)

 이 알부민은 가루 형태의 순수 저온 살균된 계란 알부민 형태로 물을 섞어서 원상태로 만들어 사용한다. 런 아웃이나 레이스, 확장(extention) 작업, 미리 짜여진 부분 작업 등 강도가 높은 작업에 사용할 로열 아이싱에는 순수 알부민을 사용하면 좋다.

2) 계란 흰자(fresh egg white)

 소량의 로열 아이싱에는 계란 흰자를 사용하는 것이 적합하다. 가장 신선한 계란을 선택해서 노른자가 흰자에 섞이지 않도록 주의하고 계란 흰자는 항상 섞기 전에 계량한다.

3) 알부민 용해시키기(preparing albumen solution)

 순수한 알부민을 사용한다면 알부민과 따뜻한 물의 비율을 1:7로 섞어준 다음 비닐 랩으로 덮어 냉장고에 1시간 정도 두어 부드럽게 해준다. (찬물을 사용할 때는 부드럽게 될 때까지 냉장고에 하룻밤 정도 보관해 둔다.)

① 물을 140g 계량해서 볼에 넣고 순수한 알부민 분말을 20g 넣어서 포크나 작고 둥근 휘퍼로 저은 다음 비닐 랩으로 덮어서 부드러워질 때까지 냉장고에 넣어둔다.

② 알부민을 냉장고에서 꺼내 다시 저어주고 로열 아이싱을 만들기에 충분한 크기의 기름기가 없는 깨끗한 볼에 고운체나 깨끗한 차 거름망에 걸러준다.

2. 케이크 코팅용 로열 아이싱 (Royal icing)

(1) 재료 (18~20㎝ (7~8 인치)정도의 보통 케이크를 코팅하고 파이핑 할 정도의 아이싱)

* 괄호 안은 흰자분말(알부민)을 사용할 경우

슈거 파우더 1,000g (슈거 파우더 1,000g)
계란 흰자 175g   (흰자 분말 20g, 물 150g)
농축 레몬즙 5g   (농축 레몬즙 5g)

(2) 만드는 방법

① 슈거 파우더와 흰자분말을 체에 친 후 물과 함께 깨끗한 볼에 넣고 가장 느린 속도로 섞어준다.
② 멍울이 거의 없어지면 농축 레몬즙을 넣고 아이싱이 단단한 상태(firm peak)가 될 때까지 느린 속도로 저어준다.
③ 볼의 가장자리를 깨끗하게 닦아주고 깨끗한 젖은 헝겊으로 사용하기 전까지 덮어두거나 또는 로열 아이싱을 뚜껑이 있는 플라스틱 밀폐 용기에 넣어둔다.

3. 변형하기(Variation)

부드럽게 잘라지는 아이싱을 만들려면 글리세린(글리세린: 유지의 가수분해에 의해 지방산과 함께 만들어지는 무색 투명하고 단맛과 끈기가 있는 액체)을 1~3티스푼 정도 로열 아이싱에 넣어준다. 한 층짜리 케이크에는 글리세린을 3티스푼, 여러 층의 케이크에는 1~2티스푼의 글리세린을 넣어준다. 좀 더 강한 로열 아이싱을 만들기 위해서는 농축 레몬즙을 넣어준다. 산은 알부민을 좀 더 강하게 해준다.

4. 로열 아이싱으로 케이크 코팅하기(Coating with royal icing)

로열 아이싱은 전통적으로 공식적인 축하 케이크의 코팅으로 오랫동안 알려졌다. 로열 아이싱으로 코팅할 때는 우선 아이싱 턴테이블이 필요하고 로열 아이싱으로 코팅하기 전에 케이크를 위와 옆을 감싸는 기법으로 마지 팬으로 덮어씌워 24시간 동안 건조시킨다.
로열 아이싱 코팅은 뾰족한 가장자리나 코너에 부드러우면서도 단단한 표면을 만들어준다. 그러나 로열 아이싱 코팅은 여러 번 코팅해 줘야 하고 한번 코팅할 때마다 건조시켜야 하기 때문에 시간이 많이 걸린다.

(1) 둥근 케이크 (Round cake)

1) 첫 번째와 두 번째 코팅을 하는 로열 아이싱은 부드러운 상태(soft peak)이어야 한다. 부드러운 아이싱을 사용한다는 것은 로열 아이싱에 물(또는 흰자)을 약간만 첨가한다는 뜻이다. 만약 아이싱이 굳어 있으면 사용하기 전에 살짝 저어준다.

2) 케이크를 턴테이블에 올려놓고 케이크 중앙에 로열 아이싱을 조금 올리고 뒤에서부터 앞으로(빵에 버터를 바르듯이) 파레트 나이프를 편평하게 해서 아이싱을 케이크 표면에 부드럽게 펴준다. 케이크의 윗부분이 완전히 덮일 때까지 이 방법으로 계속 아이싱을 펼쳐준다. 파레트 나이프를 한 방향에 놓고 턴테이블을 돌려가면서 코팅이 고르게 되도록 한다.

3) 좀더 고른 코팅을 하고 싶으면 360°로 한번에 움직인다. 이렇게 하려면 파레트 나이프의 끝을 케이크 중앙에 두고 날을 약 10° 정도 반지름 각도로 세워주고 케이크를 날이 열린 쪽으로 360° 돌린다.

4) 케이크의 옆면을 코팅하기 위해서는 로열 아이싱을 조금씩 파레트 나이프에 덜어서 바닥까지 발라준다. 윗면을 코팅한 방법대로 옆면도 밑부분부터 옆면을 따라 코팅을 해준다. 파레트 나이프는 반드시 케이크의 옆면과 평행하도록 세워주고 옆면이 완전히 코팅될 때까지 계속한다.

5) 케이크 옆면에 재미있는 모양을 넣어주고 싶다면 모양있는 스크레이퍼를 사용해도 무방하다.

6) 케이크 가장자리에 남아 있는 아이싱은 파레트 나이프를 케이크 옆면과 평행하게 세워서 깎아내듯이 아래로 내려주면서 제거한다. 한번에 조금씩 로열 아이싱을 걷어내고 건조될 때까지 놓아두며 건조시간은 코팅 두께, 실내의 온도, 습도 등에 따라 다르다. 건조되면 아이싱은 광택이 없어지고 만졌을 때 건조한 느낌이 난다.

7) 아이싱이 건조되면 날카로운 칼과 도구를 이용하여 긁어내는 방법으로 가장자리에 거친 부분을 떼어내고 이 과정에서 나온 설탕은 부드럽고 건조한 붓으로 쓸어낸다.

8) 두 번째 코팅에서도 앞에서와 같은 과정을 반복하고 건조시킨다.

9) 마지막 코팅할 때는 로열 아이싱에 깨끗한 물(또는 계란 흰자)을 약간 넣어서 부드럽게 해준다. 아니면 숙성된 아이싱을 사용한다.(이 아이싱은 최소한 3일 정도 보관하면서 덮어뒀던 젖은 천에서 수분을 흡수하고 매일 저어준 것이어야한다.)

(2) 사각 케이크(Square cake)

1) 사각 케이크의 옆부분을 코팅하려면 좀 다른 방법을 써야만 한다. 로열 아이싱을 원형 케이크에서처럼 점차 채우는 방법으로 올려준다. 스크레이퍼를 코팅할 옆면에서 가장 먼 가장자리에 두고 30°로 세워준다. 턴테이블을 움직이지 않게 잡고 스크레이퍼를 다른 방향의 옆면으로 한번에 당겨준다. 필요하면 스크레이퍼를 닦고 이 방법을 반복한다.

2) 옆면 코팅이 부드럽게 되었으면 위와 옆 가장자리를 파레트 나이프로 원형 케이크에서와 마찬가지로 깎아내리는 듯한 방법으로 깨끗하게 해준다. 반대편도 같은 방법으로 해주고 다른 두 옆면을 코팅하기 전에 건조시킨다.

5. 런 아웃(Run-outs)

장식적이고 매력적인 런 아웃 설탕 장식은 어떤 축하 케이크에도 매력을 더해주며 약간의 연습과 인내력만 있으면 다양한 제작이 가능하고 경험과 관계없이 누구나 좋은 결과를 얻을 수 있다.

(1) 런 아웃에 필요한 도구들

유산지, 모양깍지, 짤주머니, 런 아웃을 건조시킬 매끄러운 판, OHP 필름, 각도 도절이 가능한 스탠드, 가위, 그림 디자인, 셀로판 테이프, 파레트 나이프, 스크레이퍼, 작은 믹싱 볼, 티스푼, 젖은 천(깨끗한 행주), 식용색소, 키친타올.

(2) 런 아웃 테크닉

런 아웃을 만들 때는 방금 저어준 로열 아이싱을 사용하는 것이 좋으며 약간의 퍼짐성을 주기 위하여 계란 흰자를 몇 방울 넣고 고루 섞이도록 저어준다. 색소를 넣을 때는 로열 아이싱이 굳기 전에 잘 섞어준다.

1) 선택한 디자인을 부드럽고 편평한 보드에 놓고 유산지(또는 OHP 필름)로 덮는다. 종이를 가볍게 두고 코너 부분을 나중에 떼어내기 쉽도록 셀로판 테이프로 고정시킨다.

2) 흰색의 부드러운 로열 아이싱을 No.0이나 No.1인 모양깍지에 적합한 유산지로 만든 짤주머니에 넣어 디자인의 테두리를 따라 짠다.(원한다면 색소를 첨가해도 된다.)

3) 다른 짤주머니에 반만 채운 로열 아이싱으로 여백 채우기를 할 때는 모양깍지를 사용하지

않는다. No.1 사이즈로 짤주머니 끝을 잘라준 다음 작은 부분을 채우고 No.2 사이즈로는 큰 부분을 채워준다. 런 아웃 채우기는 자신의 몸과 가장 멀리 떨어져 있는 부분부터 한다.

4) 각 부분은 다른 부분을 시작하기 전에 몇 분정도 경계가 나타날 정도로 마를 때까지 둔다. 이렇게 하면 각 부분들을 구분할 수 있다. 만약 빨강이나 검정같은 매우 어두운 색상을 먼저 사용한 후 다음에 연한 색을 사용할 생각이라면 좀더 오래 건조시켜 준다.

5) 좀더 높게 올라온 팔이나 옷 부분은 아이싱을 2층으로 짜서 나타낼 수도 있고 따로 만들어서 완전히 마른 다음에 붙여주는 방법도 있다.

6) 런 아웃이 완성되면 곧장 한 시간 가량 열을 직접 받을 수 있도록 각도가 조절되는 60W스탠드나 스포트라이트를 비춰준다. 이렇게 건조시키면 나중에 광택이 난다. 한 시간 뒤에는 런 아웃을 건조하고 따뜻한 곳에 둔다. 작은 것은 24시간, 크고 색깔이 있는 것은 48시간이 지나야 완전 건조된다.(두께, 날씨, 습도 등에 따라 좀더 오랜 시간을 두어야 하는 것도 있다.)

7) 완전히 건조되어 OHP 필름이나 유산지에서 떼어낼 때는 디자인을 제대로 잡아주고 조심스럽게 보호테이프를 벗겨낸다. 그리고 부드럽게 런 아웃을 보드 끝쪽으로 잡아당긴다. 조심해서 OHP 필름을 떼어내고 한번에 한 부분만 떼어내도록 한다. 런 아웃이 완전히 OHP 필름에서 분리될 때까지 뒤집어 두거나 L자형 파레트 나이프를 런 아웃 아래에 밀어 넣어 OHP 필름과 분리시킨다.

8) 런 아웃의 뒷부분을 채우기 위해서는 런 아웃을 뒤집고(테두리를 다시 해줄 필요는 없다.)빈 공간은 강도가 높은 로열 아이싱으로 채워준다. 몸통이나 머리의 뒷부분 같은 부분도 확실하게 보이도록 해준다. 마무리로 주변과 강조할 부분을 칠하거나 다른 조각들을 붙여준다. 주변을 다듬어주면 좀 더 활기차게 보이고 보다 나은 런 아웃이 될 것이다.

(3) 런 아웃을 만들 때 실수하기 쉬운 부분

* 색 번짐(color run) : 런 아웃 아이싱이 너무 얇거나 건조시간이 충분하지 않았다.
* 함몰(sinking) : 건조시간이 너무 길거나 습기가 많다. 또는 런 아웃 아이싱이 너무 얇다.
* 건조되지 않음(not drying) : 알부민 부족, 건조되기에 너무 낮은 온도, 오래 됐거나 잘 섞이지 않은 아이싱.
* 광택이 나지 않음(lack of shine) : 런 아웃이 열이 있는 곳에서 건조되지 않음(각도 조절 스탠드를 사용하는 것이 좋다.)
* 강도가 약한 런 아웃(weak run outs) : 알부민 부족, 과다한 색소 첨가 (색소중에 글리세린이 들어있을 수 있음.)

* 주름현상(wrinkled effect) : 기름종이가 열에 의해 달라붙거나 종이가 보드에 편평하게 펼쳐지지 않음.
* 표면이 깨짐(cracked surface) : 런 아웃이나 기름종이가 아이싱이 완전 건조되기 전 흐트러짐.
* 누덕누덕 기운 것처럼 조화롭지 못한 런 아웃(pathy run outs) : 물이나 색소가 골고루 섞이지 않음.
* 공기방울(air bubble) : 아이싱에 물을 넣어 섞었거나 너무 구멍이 큰 짤주머니를 사용했음.(물을 넣은 뒤 15분 동안 그대로 두어야 한다.)

6. 붓으로 수놓기 (Brush embroidery)

이 데커레이션 기법은 로열 아이싱으로 매우 놀라운 효과를 나타낼 수 있고 기초과정이 완벽하다면 자신만의 디자인을 특별한 효과로 표현 할 수 있어서 매우 즐거운 시간을 가질 수 있다. 붓으로 수놓기에 적절한 디자인은 다른 책에서 원하는 그림을 찾아 사용할 수도 있다.

(1) 모양깍지를 준비하고 로열 아이싱을 2/3 정도 짤주머니에 넣어준다. 디자인을 고른 표면이나 판에 옮긴 다음 언제나 자신의 몸에서 가장 멀리 떨어진 부분부터 작업을 시작한다. 이렇게 해야 작업을 끝낼 때까지 깊이와 재미를 더할 수 있으며 한번에 작은 부분 하나씩 가장자리를 짜 준다.

(2) 압력을 조절해서 라인을 굵게 또는 가늘게 한다. 물기가 있는 작은 붓으로 꽃의 중심부분으로 아이싱을 내려준다.

(3) 가까운 꽃잎까지 같은 방법으로 꽃을 완성한다. 연습을 더하면 매번 꽃잎의 가장자리 모양으로 라인을 그려줄 필요가 없다. 간단하게 부드러운 아이싱으로 라인을 그리고 붓으로 작업하면 된다.

(4) 줄기와 잎을 짠다. 굵은 라인을 만들려면 두 번 짜는데 한 번은 약간 안쪽에 다음에는 첫 번째 라인과 평행이 되도록 짠다.

(5) 붓으로 작업한 것이 완성되어 완전히 건조되면 No.0이나 No.00 모양깍지를 사용하여 꽃 중심에 있는 수술, 잎의 잎맥 등과 같은 세밀한 부분을 짠다.

7. 수놓기(Tube embroidery)

수는 바늘과 실을 사용하여 바탕감 위에 그림이나 글씨 등을 표현하는 예술이지만 로열 아이싱으로도 수놓기를 할 수 있다. 이 책에서는 한국자수의 기초수법 몇 가지를 응용했다.

(1) 평수(satin stitch) : 가장 광범위하게 쓰이는 기초 수법으로 로열 아이싱을 가지런히
　　　　　　　　　　　짜서 원하는 모양의 면을 완전히 메우는 방법이다.

(2) 이음수(outline stitch) : 로열 아이싱을 같은 길이로 일정한 방향으로 겹쳐 가며 짜주어 나뭇가
　　　　　　　　　　　　지 등을 표현할 때 이용하는 방법이다.

(3) 가름수 : 중심선을 향하여 마주보도록 어슷하게 짜주는 방법으로 잎의 표현에 쓰
　　　　　일 수 있다.

(4) 자련수(long and short stitch) : 로열 아이싱의 길이를 길고 짧게 변화를 주면서 원하
　　　　　　　　　　　　　　　는 공간을 메우는 방법으로 로열 아이싱을 이용하여 입체감을
　　　　　　　　　　　　　　　나타낼 수 있다.

(5) 솔잎수 : 로열 아이싱을 솔잎 모양으로 하나의 중심에 모여지게 짜서
　　　　　표현하는 기법이다.

(5) 체인스티치(chain stitch) : 체인 모양으로 이어서 짜는 방법을 이용하
　　　　　　　　　　　　여 토끼풀 꽃이나 나무 표면의 울퉁불퉁한 질감을 나타낼 수 있다.

8. 스텐실(Stencil)

이 기술은 완성된 케이크의 표면 또는 설탕 반죽 조각에 바로 적용시킬 수 있다. 스텐실은 분말색소나 로열 아이싱으로 나타낼 수도 있고 액상색소를 에어 브러시로 뿌려 주거나 페이스트형 색소를 스폰지에 흡수시켜 나타낼 수도 있다.

✻ 스텐실 만들기 : OHP 필름이나 색상이 있는 필름에 원하는 그림을 그려준 다음 그림 모양대로 날카로운 칼(스크래치 나이프)로 그림 문양을 오려낸다.

(1) 분말 색소를 이용한 스텐실(Powder color stencilling)

1) 케이크 표면에 스텐실을 고정시킨다.

2) 분말색소를 선택해서 납작한 붓으로 연한 색부터 모양대로 칠한다.

3) 주위에 남아있는 색소는 불어서 제거해 주고 조심스럽게 스텐실을 케이크 표면에서 떼어낸다.

4) 얇게 밀어 편 반죽에 스텐실을 이용하여 색을 칠해주고 조각용 칼로 모양대로 잘라내어 제자리에 놓기도 한다.

(2) 로열 아이싱을 이용한 스텐실(Royal icing stencilling)

1) 케이크 표면에 스텐실을 고정시킨다.

2) 필요한 색상이 있는 로열 아이싱을 조금 올려서 부드럽게 펴 발라준다.(이때 로열 아이싱의 농도는 흘러내리지 않을 정도.)

3) 스텐실을 조심스럽게 떼어내고 건조시킨다.

4) 세밀한 부분은 칠해주거나 짜준다.

9. 글씨 쓰기(Lettering)

(1) 케이크에 글씨를 쓸때는 받는 사람이 읽기 쉬워야 하며 케이크의 디자인과 받을 사람을 고려한 글씨체를 써야한다.(예를 들면 영문으로 글씨를 표현할 때 어린이들은 대문자로 써야 읽기가 쉽다.)

(2) 글씨의 색은 케이크와 잘 어울리는 색으로 맞춰 쓰고 실수를 했을 경우 금방 흔적 없이 지우고 다시 쓸 수 있다.

(3) 생일 축하합니다(Happy birthday)와 같은 글씨는 자주 이용함으로 유산지 위에 로열 아이싱으로 연습한 다음 굳혀서 보관했다가 케이크에 장식하기도 한다.

(4) 숫자는 직접 케이크에 짜거나 런 아웃 형식으로 짜주는 등 여러 가지 방식으로 표현할 수 있다.

(5) 글씨를 장식 자체로 사용하거나 다른 장식이 없을 때 장식된 글씨를 사용할 수도 있다.

10. 레이스 짜기(Lace work)

레이스는 다양한 크고 작은 로열 아이싱 장식이나 설탕반죽 장식에 관계없이 모든 케이크에 이용 가능한 매우 섬세한 장식이다.(레이스에는 단단한 로열 아이싱을 사용해야 한다.)

(1) 깨끗한 종이에 원하는 모양의 그림을 그린다.

(2) 그림 위에 기름종이를 놓고 No.0 모양깍지를 이용하여 로열 아이싱을 짠다.(모양에 따라 각기 다른 모양깍지를 사용할 수도 있다.)

(3) 건조되면 기름종이를 뒤로 살짝 접어가며 레이스를 떼어낸다.

(4) 레이스 안쪽 끝에 로열 아이싱을 조금씩 짜서 케이크 표면의 지정한 위치에 붙인다.

11. 망사 천 이용하기(Tulle)

튈은 섬세하면서도 강한 장식에 적합하다. 이 책에서는 망사 천과 식물의 섬유질(Skeleton leaf)을 이용하여 만들었다.

⑴ 원하는 모양으로 망사천이나 섬유질(Skeleton leaf)을 오린다.

⑵ 유산지 위에 오린 모양을 놓고 No.1 모양깍지로 안쪽 무늬를 짜주고 No.2 모양깍지로 바깥쪽 가장자리에 로열 아이싱을 짠다.

⑶ 건조된 다음 로열 아이싱을 이용하여 케이크 위에 고정시킨다.

12. 확장작업(Extension work)

확장 작업(Extension work)이나 커튼(curtain)은 데커레이션에 있어서 매우 섬세한 작업 형태 중의 하나이다. 단순한 확장 작업은 일련의 짜여진 지지대와 줄 위에 정확하게 일련의 줄(pipe)을 짜서 형성된 다리(bridge)로 구성된다. 다리는 미리 표시된 케이크의 옆면에 직선 또는 곡선으로 짜여지고 다리의 하단에 부착된 섬세한 선을 지지한다. 이러한 작업을 하기 위해서는 인내심이 필요하고 난이도의 작업에서 매우 섬세하게 하는 것이 필수적이기 때문에 데커레이터라도 이 작업을 하기 전에는 섬세한 튜브 사용을 연습해야만 한다.

이 작업은 케이크의 모양과 사용될 다른 형태의 데커레이션을 완성하기 위해 디자인 되어야 하고 케이크의 모든 특징적 요소들은 균형잡힌 디자인을 만들기 위해 함께 계획되어야 한다.

훌륭한 확장 작업을 하려면 로열 아이싱을 잘 반죽해서 섬세한 튜브를 막히게 할 수 있는 덩어리나 잔알갱이가 없는 좋은 품질의 아이싱이 있어야 하는데 아이싱 설탕은 매우 고운 체에 여러 번 내려준 다음 확장작업에 들어가야 한다.

⑴ 일반적인 확장작업

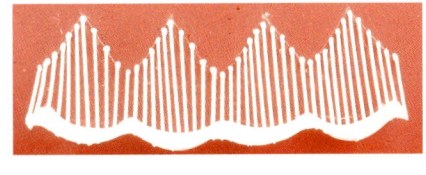

⑵ 확장작업 위에 레이스 붙이기

⑶ 덧짜기

part 3

Bouquet 엮기와

1. 부케엮기

2. 리본이용하기

Ribbon 이용하기

1. 부케엮기

　부케란 원래 꽃을 겹친다는 즉 다발의 뜻을 가진 것으로 부케를 만들 때는 부케를 갖는 사람의 체격
과 드레스의 디자인과 색, 결혼식장의 장소와 시간 등을 조화롭게 생각해서 만들어야 한다. 신부가 갖
는 부케는 대개 흰꽃을 사용하나 엷은 핑크나 크림색 등도 사용되고 있다. 슈거 플라워는 색상이나 느
낌이 거의 생화와 비슷하게 만들어져 부케로 엮어 이용할 수 있다. 이 책의 슈거 플라워는 신부가 손에
들 수 있는 부케가 아니고 웨딩 케이크 위에 올려져 시각적인 아름다움과 그 아름다움을 맛으로도 즐길
수 있는 장점을 갖고 있다.

(1) 둥근 형태의 부케(Round bouquet)

　둥근 형태의 부케는 친숙한 느낌을 주는 부케로 몇 가지의 꽃을 섞어 엮어준다.

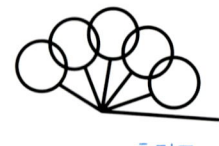

배치도　　　　　　　측면도

(2) 늘어지는 형태의 부케 (Cascade)

　아주 작은 폭포의 물이 흘러내리는 것과 비슷한 형태로 둥근 형태의 부케와 늘어지는 형태의
부케를 조립하여 만든다.

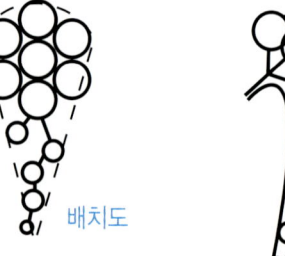

배치도　　　　　　　측면도

(3) 삼각형 형태의 부케(Triangular)

　가장 많이 사용되는 부케 모양의 하나로 부등변 삼각형 형태로서 5:4:3의 비율로 엮는다.

배치도　　　　　　　측면도

(4) 초생달형 부케(Crescent)

원의 일부분을 변형하여 만드는 부케 모양이다. 포인트를 중심에 두고 위아래의 비율을 1:3 또는 1:2의 형태로 하는것이 조화롭다.

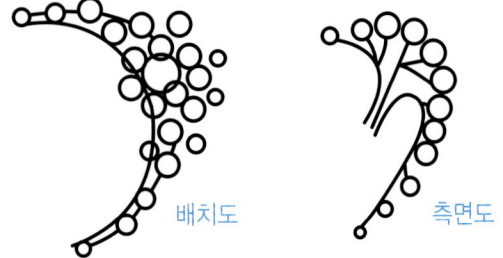

배치도   측면도

(5) S자형 부케(Hogarth curve)

18세기 윌리엄 호거스에 의해 가장 아름다운 선이라 불리기 시작한 S자 형태의 부케이다. 슈거 플라워로 엮을때 두개의 2등변 삼각형과 중심에 들어가는 꽃을 따로 엮어 모은후 S자 형태로 구부려 준다.

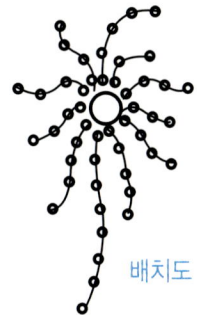

배치도

(6) 방사형 부케 (Sunburst)

태양 광선을 응용하여 만든 부케로 짧고 긴 커브를 이용하여 라인을 초생달형이나 호가스형으로 균형을 맞춘다.

배치도

이밖에도 여러 가지 형태의 부케나 코사지를 응용하여 이용할 수 있다.

2. 리본이용하기

부케가 완성되면 아랫부분을 리본으로 마감해 주는데 이때의 리본은 케이크의 색상과, 부케로 엮은 꽃의 색상 등을 고려하여 선택한다.또한 부케를 엮을 때 꽃과 꽃 중간에 리본으로 고리(loops)를 만들어 넣고 엮어주기도 한다.

(1) 고리

① 철사끝을 3㎜ 정도 구부려 놓는다.
② 리본을 높이가 다른 2개의 고리를 만들어 ①의 철사에 고정시킨다.
③ 꽃 테이프로 감아준다.

(2) 트윈 보우

① 위쪽은 짧은 리본 아래쪽은 긴 리본이 오도록 한다.
② 아래쪽 리본으로 고리가 3개 만들어지도록 한다.
③ 위쪽 리본을 밑으로 내려 왼쪽으로 빼준다.
④ 리본을 당겨서 고정시킨다.
⑤ 서로 균형을 잡아준다.

(3) 보스턴 보우

① 왼손엄지로 리본의 끝을 감아잡고 고리를 만든다.
② 긴 리본으로 아래쪽에 위쪽보다 조금 더 큰 고리를 만든다.
③ 반대쪽도 같은 크기의 고리를 만든다.
④ 고리의 길이를 조금씩 늘려가며 반복해 주고 원하는 크기가 되면
   고리 가운데에 스테플러로 찍어주거나 진주핀으로 고정시킨다.
⑤ 진주핀으로 고정시켰을 때 리본을 돌려주어 변형하여 이용할 수
   있다.

(4) 프렌치 보우

① 리본의 끝 부분을 왼쪽 엄지손가락에 감아 고리를 만든다.
② 리본의 뒤쪽 중심에서 리본을 꼬아 앞면이 보이도록 한다.
③ ②의 과정을 되풀이하면서 먼저 만든 고리보다 조금씩 길게 만든다.
④ 마지막으로 큰 고리를 한번 더 만들고 가는 철사로 중심을 돌려 감아 주고 마지막 리본의 가운데 부분을 잘라주거나 또는 3:2의 비율로 어 숫하게 잘라준다.

(5) 꽃술 보우

① 리본을 원하는 길이로 여러 번 겹쳐 둥글게 돌려 감는다.
② 중앙 부분을 V자 모양으로 양쪽을 잘라낸다. (주의: 중앙이 잘라지 지 않도록 한다.)
③ 한가운데를 철사로 묶어준다.
④ 안쪽의 겹친 고리를 하나씩 밖으로 잡아당긴다.
⑤ 고리를 비틀어 세워준다.
⑥ 좌우를 번갈아가며 반복한다.
⑦ 아래, 위가 균형을 이루도록 다듬어준다.

(6) 쁘띠 리본

① 리본의 한쪽 가장자리를 진주 핀으로 홈질한다.
② 핀을 중심에 두고 돌려 꽃모양으로 만든다. 쁘띠 리본은 다른 리본과 함께 이용해도 좋다.

part 4

Wedding

cakes

SPRING

1. 봄

✽ 준비도구와 재료

꽃 모양틀(데이지, 스위트피, 패랭이), 꽃받침틀, 색소, 밀대, 봉, 가위, No.28~30 녹색피
복철사, No.20 녹색피복철사, 꽃 테이프, 스탬프, 대나무산적꽂이(바구니 엮을 때 사용),
꽃 반죽, 모델링 반죽, 식용색소, 슈거 크래프트 건

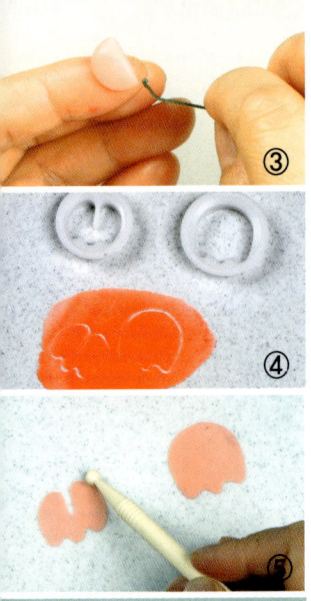

1) 스위트피(Sweet pea) 만들기
(꽃말: 기쁨)

① 꽃 반죽을 식용색소를 넣어 핑크색으로 만든다.
② 가는 철사를 7㎝ 길이로 자른 다음 끝 부분을 2㎜ 정도 구부려 붙인다.
③ 납작한 콩 모양을 만들어 ②의 철사에 고정시킨다.
④ 꽃 반죽을 얇게 밀어 꽃 모양틀로 찍어낸다.
⑤ 투명파일 속에서 봉을 이용하여 가장자리를 얇게 펴준후 셀 패드 위에 꺼내어 다시 봉을 이용하여 웨이브를 준다.
⑥ ③의 콩 모양에 붙여준다.
⑦ 바깥쪽 꽃잎도 같은 방법으로 가장자리에 웨이브를 주고 ⑥의 콩에 붙인다.
⑧ 초록색 꽃 반죽을 밀어 펴서 꽃받침 틀로 찍어내어 붙인다.

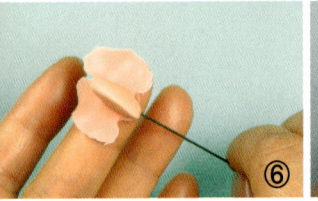

2) 데이지(Daisy) 만들기
(꽃말: 평화, 순진함)

① 노란색 꽃 반죽을 콩 모양으로 둥글린 다음 가는 철사 끝에 고정시킨다.
② 망사 천에 ①의 반죽을 눌러 꽃술을 만들어준다.
③ 흰색 꽃 반죽을 밀어 데이지틀로 찍어준다.
④ 꽃잎 중앙을 미니가위로 2등분 한뒤 봉으로 가장자리를 문질러준다.
⑤ ②의 꽃술에 ④의 꽃잎을 2겹 붙여준다.
⑥ 꽃받침을 붙여주어 완성한다.

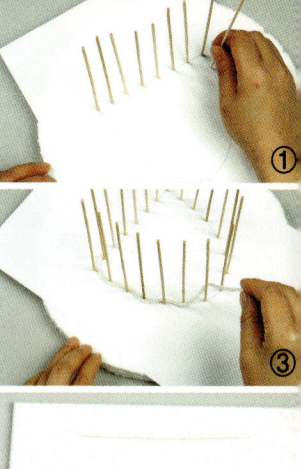

3) 패랭이 꽃 만들기

① 꽃술 두개를 가는 철사에 꽃 테이프로 고정시킨다.
② 반죽을 챙이 넓은 모자 모양으로 만들어 미니장미틀로 꽃 모양을 찍어
   내고 가장자리를 얇게 해준 다음 가위로 가장자리를 아주 작은 톱날 모
   양으로 다듬어준다.
③ ②를 ①의 꽃술에 고정시킨다.

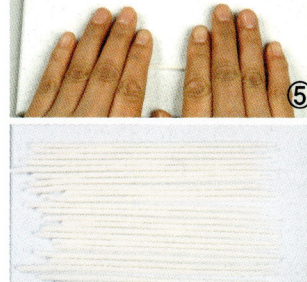

4) 바구니(Basket) 만드는 방법

① 바구니 아랫부분의 모양을 종이에 그린다.
② 그림을 스티로폼 위에 올려놓고 모양대로 산적꽂이가 홀수가 되도록
   일정한 간격을 두고 꽂는다.
③ 모델링 반죽을 슈거 크래프트 건(Sugar craft-gun)으로 뽑아서 바구
   니를 짜듯이 산적꽂이 사이에 엮어 나간다.
④ 원하는 높이까지 엮어준 다음 건조시킨다.
⑤ 산적꽂이 굵기 정도의 스틱을 꽃 반죽으로 만들어 건조시킨다.
⑥ 완전히 건조되면 산적꽂이를 하나씩 빼고 그 자리에 ⑤의 슈거스틱을
   꽂아준다.
⑦ 윗 부분의 남은 스틱은 잘라내고 슈거 크래프트 건으로 뽑은 모델링 반
   죽을 몇 가닥 꼬아서 바구니 가장자리 위에 붙인다.

5) 자전거(Bicycle) 만들기

① 바퀴를 만들어 건조시켜 놓는다.
② 바구니가 올라갈 부분과 손잡이, 안장 등을 만들어 준다.
③ ②번이 완전히 건조되면 바퀴를 먼저 고정시키고 바구니를 얹는다.
④ 바구니에 만들어 놓은 꽃들을 보기 좋게 꽂는다.

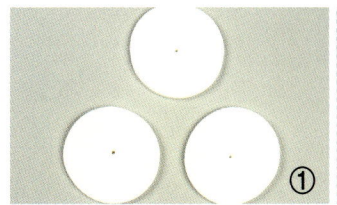
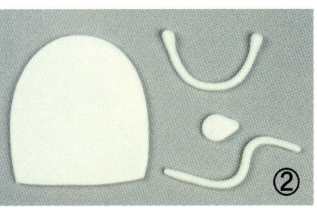
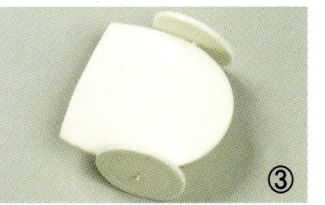

자목련 케이크

❋ 준비도구와 재료

　　셀 보드, 주름봉, No.24~28 흰색피복철사, 셀 패드, 미니가위, 갈색 꽃 테이프, 꽃 반죽,
식용색소.

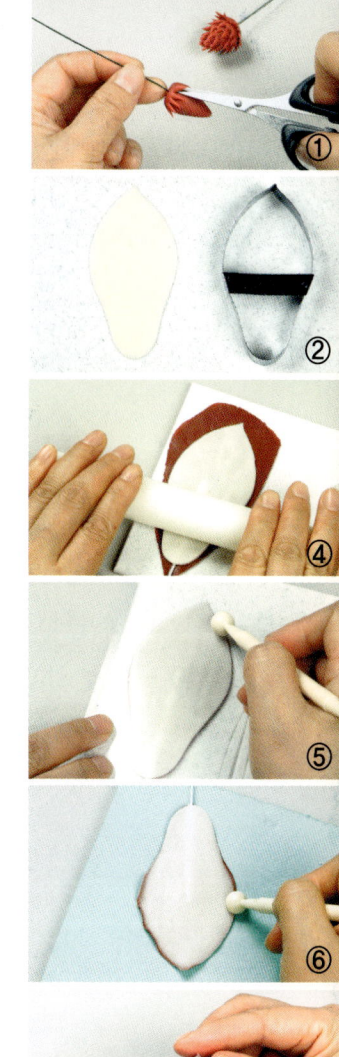

※ 자목련 꽃은 저자가 많은 시행착오를 거쳐 만드는 방법을 개발한 꽃으로 완성했을 때의 우아함은 어떤 꽃과도 비교할 수 없다.

1) 자목련(Magnolia liliflora) 만들기
(꽃말 : 자연애, 번영, 숭고한 정신)

① 철사에 자주색 꽃 반죽을 고정시키고 미니가위로 잘게 잘라서 꽃술을 만들어준다.

② 흰색 꽃 반죽을 밀어 펴서 자목련 꽃 모양틀로 찍어 놓는다.

③ 자주색 꽃 반죽에 철사를 끼워 홈이 있는 셀 보드에 놓고 밀대로 밀어준다.

④ ②의 흰색 꽃잎을 ③의 위에 올려 밀대로 한번 밀어 밀착시킨 다음 꽃 모양틀로 다시 찍어준다.

⑤ 가장자리를 봉으로 얇게 밀어 펴주고 줄무늬를 준다.

⑥ 셀 패드 위에 올려놓고 약한 웨이브를 준 다음 손으로 꽃잎의 가장자리가 뒤쪽으로 살짝 넘어가도록 해준다.

⑦ 큰잎 3장, 중간잎 3장, 작은잎 3장을 같은 방법으로 만들어 놓는다.

⑧ ①의 꽃술과 ⑦의 꽃잎을 갈색 꽃 테이프로 엮어준다.

⑨ 봉오리는 작은잎 3장으로 엮어주고 꽃받침을 두껍게 2장 만들어 함께 엮어준다.

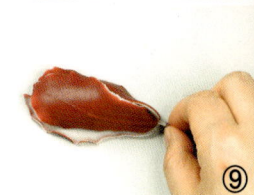

2) 나비(Butterfly) 만들기

① 반죽을 나비 모양틀에 놓고 밀대로 밀어 펴준다.

② 가장자리를 가위로 다듬어 준다.

③ 더듬이를 만들어 붙인다.

④ 나비 날개 위에 붓으로 펄 색소를 칠해준다.

⑤ 양 날개를 살짝 들어올려 건조시킨다.

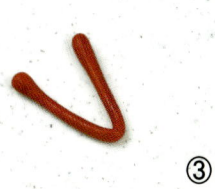

화려한 신부

✽ 준비도구와 재료

심비디움 모양틀, 미니가위, 봉, 셀 패드, 셀 보드, 구두모양틀, No.1 No.2 모양깍지, 8호
짤주머니, No.30흰색피복철사, 리본, 식용색소. 꽃 반죽.

1) 심비디움(Cymbidium) 만들기
(꽃말 : 귀부인, 미인)

① 흰색 철사를 6㎝ 길이로 잘라 놓는다.

② 흰색 꽃 반죽을 타원형으로 만들어 케이크 보드 홈이 있는 곳에 놓고 눌러주어 반죽의 돌출된 부분에 철사를 끼워 넣는다.

③ 다시 홈이 있는 제자리에 놓고 밀대로 얇게 민다.

④ 심비디움 꽃잎틀을 놓고 오려 낸다.

⑤ 가장자리를 봉으로 좀더 얇게 밀어 펴면서 약한 웨이브를 만든다.

⑥ 같은 방법으로 5장을 만든다.

⑦ 흰색 꽃반죽으로 약간 길고 폭이 넓은 꽃수술을 만들고 노란색 꽃 반죽을 둥글려 끝에 붙여준다.

⑧ 모양틀을 이용해 암꽃술을 찍어내어 가장자리를 얇게 펴고 뒤쪽으로 약간 구부려 건조시킨다.

⑨ 노란색 꽃 반죽을 길이로 붙인 후 핑크색 식용색소를 암꽃술 부분에 찍어주고 건조되면 핑크색 분말 색소를 칠한다.

⑩ 암술과 수술이 서로 마주 보게 엮어 고정시키고 나머지 꽃잎을 좌우를 맞춰가며 엮어준다.

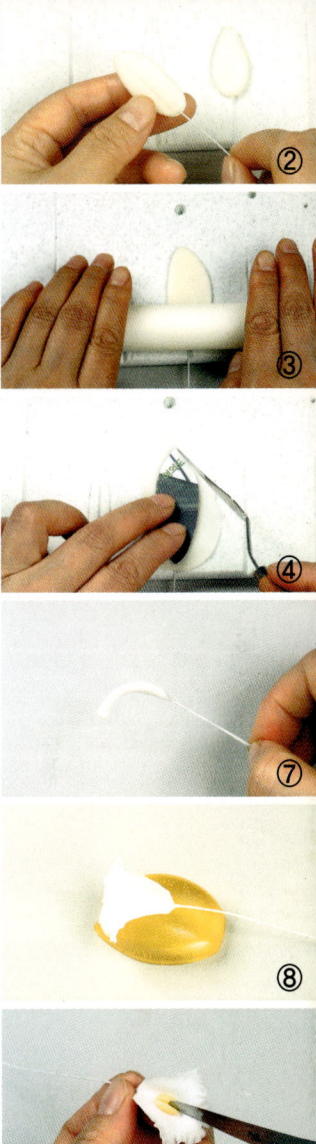

2) 구두(Wedding slipper) 만들기

① 꽃 반죽을 2㎜ 두께로 밀어 구두틀에 넣어 모양을 내주고 다시 꺼내어 가장자리를 다듬어준다.

② 다시 제자리에 넣어 건조시킨다.

③ 완전히 건조되면 두 개를 맞붙여주고 구두 안쪽에 창을 붙인다.

④ 구두 앞부분에 No.0 모양깍지로 로열 아이싱을 필리그리(filigree)기법(로열 아이싱을 미로처럼 지그재그로 짜 주는 방법)으로 짠다.

⑤ 구두 중앙에 두 개의 은방울꽃을 로열 아이싱으로 고정시킨다.

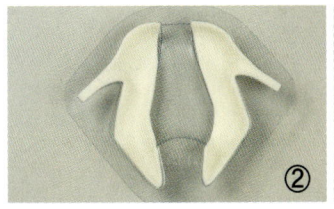
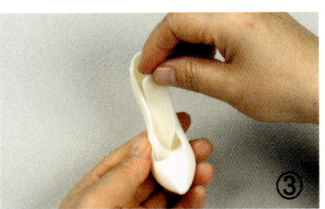

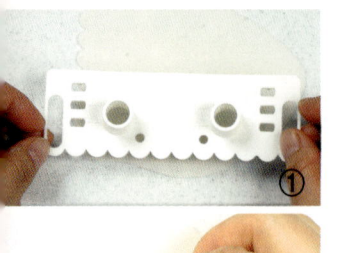

3) 손수건과 핸드백 만들기

〈손수건〉
① 흰색 꽃 반죽을 얇게 밀어주고 가장자리를 레이스 커터로 사각모양으로 자른다.
② 반죽의 가장자리에 작은 포도문양을 찍어주고 손수건을 접듯이 두번 접는다.
③ 포도문양에 분말색소를 칠한다.

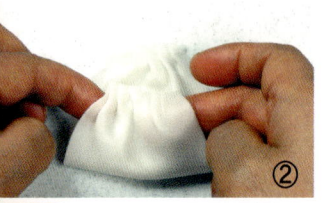

〈핸드백〉
① 흰색 꽃반죽을 얇게 밀어 직사각형으로 자른다.
② 상, 하에 잔주름으로 겹쳐 주고 반으로 접어 윗부분을 붙인다.
③ 윗부분을 가위로 다듬어 주고 꽃 반죽을 짧은 스틱모양으로 만들어 붙인다.
④ 장식에 식용금가루를 칠한다.

4) 케이크 옆면 장식하기

① OHP 필름에 로열 아이싱으로 레이스 짜기를 해 건조시킨다.
② 케이크 둘레에 높낮이를 지정하여 종이를 오려 침핀으로 표시를 한 다음 먼저 가장자리에 No.2 모양깍지로 로열 아이싱을 짠다.
③ No.1 모양깍지로 안쪽부분에 필리그리 기법으로 로열 아이싱을 짠다.
④ 건조된 ①의 레이스 양끝에 로열 아이싱 조금 짜 주고 케이크 옆면에 붙인다.

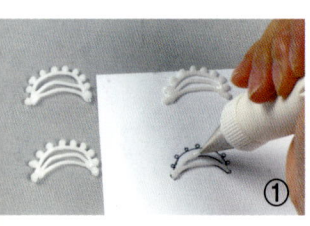

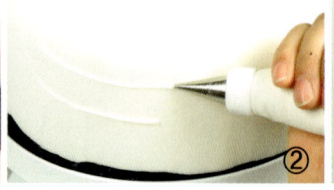

달콤한 오후

✽ 준비도구와 재료

장미꽃틀, 장미 잎틀, 안개 꽃틀, 레이스커터, 밀대, 녹색피복철사(No.20, No.30), 가위, 꽃반죽, 색소, 꽃술, 셀 보드, 셀 패드.

1) 장미꽃(Rose) 만들기
(꽃말 : 흰 장미-행복)

① 꽃 반죽에 원하는 색소를 넣어 고루 혼합한다.

② 반죽을 1.5g 정도 떼어 내 원뿔 모양으로 만들어 놓는다.

③ 7㎝ 길이로 잘라 끝을 3㎜ 정도 구부려 놓은 철사를 끼워 고정시킨다.

④ 꽃 반죽을 투명 파일 속에 넣고 얇게 밀어 펴주고 꽃 모양틀로 찍어낸다.

⑤ 꽃 모양 주변을 봉으로 얇게 밀어 펴주고 셀 패드 위에 올려 봉으로 볼륨과 웨이브를 준다.

⑥ 꽃잎 중앙에 약간의 물을 발라준 후 원뿔모양의 봉우리에 꽃잎 2장을 먼저 붙이고 나머지 3장의 꽃잎도 균형을 맞춰 붙인다.

⑦ 밀어 펴 둔 5장의 꽃잎을 가위로 1장 떼어내고 4장의 꽃잎을 위 ⑤와 같은 방법으로 만든 후 균형을 맞춰가며 붙인다.

⑧ 각각의 꽃잎을 엄지와 검지를 이용하여 바깥쪽으로 살짝 눌러 자연스런 웨이브를 살린다.

⑨ 다시 5장의 꽃잎도 위의 ⑤와 같은 방법으로 만든 후 균형을 맞춰가며 붙이고 ⑧과 같은 방법으로 뒤쪽으로 살짝 넘겨주어 자연스러운 장미를 표현한다.

⑩ 꽃받침을 붙여주고 작은 구슬모양으로 씨방(rose hip) (씨방 : 암술대 밑에 붙은 통통한 주머니 모양의 부분. 그 속에 밑씨가 들어있다.) 을 만들어 붙여 준다.

⑪ 완전히 건조되면 꽃 중앙 부분에 엷은 핑크색 분말색소를 칠해준다.

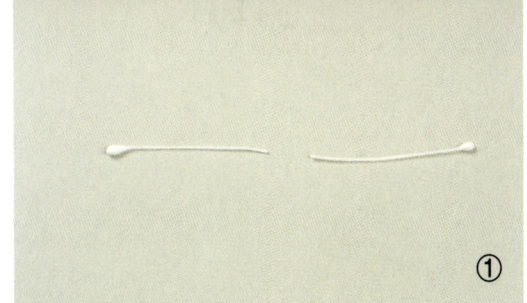

2) 장미 잎 만들기

① 철사를 5㎝ 길이로 잘라 놓는다.

② 꽃 반죽에 식용색소를 넣어 원하는 녹색으로 만들어 놓는다.

③ 반죽을 1g 정도 떼어내 1.5㎝ 길이의 타원형으로 만들어 홈이 있는 보드에 눌러주고 반죽의 돌
   출된 부분에 ①의 철사를 끼워주고 다시 홈이 있는곳에 놓고 밀대로 얇게 밀어준다.

④ 잎 모양틀로 찍어낸 후 셀 패드 위에 놓고 가장자리에 봉으로 웨이브를 준다.

⑤ 잎이 완전히 마른 다음 갈색 분말 색소를 붓으로 자연스럽게 칠해준다.

⑥ 크기가 다른 세 가지 각각의 잎을 꽃 테이프를 이용하여 엮어 준다.

3) 안개꽃(Gypsophila elegans) 만들기
(꽃말 : 간절한 기쁨, 밝은 마음)

① 흰색 작은 꽃술을 2등분한다.

② 흰색 꽃 반죽을 아주 얇게 밀어서 안개꽃 틀로 찍
   어내어 ①의 꽃술에 오므려 붙인다.

③ 또 하나의 안개꽃을 찍어 ②에 한겹 더 붙인다.

④ 철사에 안개꽃 5개~6개씩 꽃 테이프로 묶어준다.

4) 측면 레이스 장식하기

① 케이크 측면에 먼저 레이스 붙일 자리를 표시해 둔다.

② 반죽을 얇게 밀어 레이스 커터로 자른 다음 끝이 뾰족한 아크릴 봉으로 가장자리를 밀어 펴서 레
   이스처럼 만든다.

③ 양끝 부분을 가위로 다듬고 ①의 표시해 둔 자리에 식용풀을 이용해 붙인다.

④ 여러겹을 붙일 때는 맨 아랫부분부터 붙여나간다.

제비꽃과 바이올린

✳ **준비도구와 재료**

꽃잎틀, 미니봉, 셀보드, 셀 패드, 미니가위, 녹색피복 철사(No.30), 바이올린틀,
로열 아이싱, 꽃 반죽, 색소.

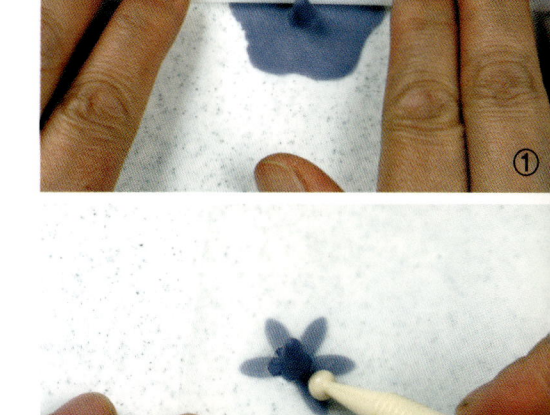

1) 제비꽃(Violet) 만들기
(꽃말 : 정절, 사랑)

① 보라색 꽃 반죽을 중앙 부분은 작은 원뿔모양으로 만들고 가장
   자리는 얇게 밀어 편다.
② 제비꽃 모양틀로 찍어내고 다시 꽃잎 가장자리를 얇게 펴준다.
③ 적당한 길이의 철사에 고정시키고 꽃받침을 붙인다.
④ 흰색 식용색소로 중앙의 꽃잎에만 잎맥을 그린다.

2) 잎 만들기

① 초록색 꽃 반죽을 타원형으로 만든 후 셀
   보드의 홈 있는 곳에 한번 눌러주고 반죽
   의 돌출된 부분에 철사를 끼운 다음 다시
   제자리에 놓고 얇게 밀어준다.
② 잎 모양틀로 오려내고 잎맥을 눌러준다.
③ 가장자리를 요지(Cocktail stick)로 긁
   어낸다.

3) 바이올린(Violin) 만들기

① 바이올린틀에 반죽을 넣고 밀대로 밀
   어준 다음틀에서 꺼내어 가장자리를
   가위로 정리해준다.
② 건조되면 케이크 위에 고정시킨다.

4) 케이크 하단장식

① 로열 아이싱으로 레이스 짜기를 하여
   건조시킨 다음 로열 아이싱으로 케이
   크 측면에 붙인다.

매화향기

✳ **준비도구와 재료**

No.30 녹색피복 철사, 꽃 모양틀, 꽃술, 셀 보드, 셀 패드, 갈색꽃 테이프, 봉, 꽃 반죽,
식용색소, 측면장식용 구슬, 리본.

1) 매화꽃(Ume flower) 만들기
(꽃말 : 아름다운 덕)

① 철사에 꽃술을 고정시킨다.
② 투명 파일에 꽃 반죽을 얇게 밀어주고 꽃틀로 찍어둔다.
③ 같은색 꽃 반죽을 나팔모양으로 만들어주고 가장자리는 얇게 밀어
   펴서 같은 크기의 꽃틀로 찍어낸다.
④ 꽃의 가장자리를 봉으로 얇게 만들고 셀 패드 위에서 볼륨을 준다.
⑤ ②의 꽃도 ④와 같은 방법으로 한다.
⑥ ④와 ⑤의 꽃잎을 어긋나게 놓고 중앙 부분에 작은 홀을 만든다.
⑦ 홀에 ①의 꽃술을 끼워 넣고 고정시킨다.
⑧ 붉은 갈색의 꽃 반죽으로 꽃받침을 만들어 붙인다.

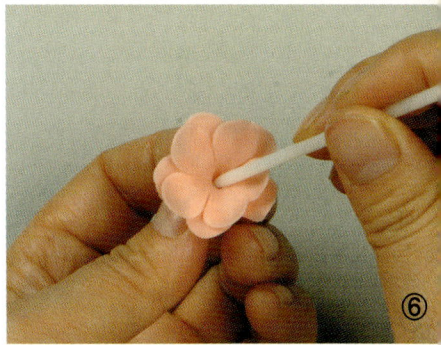

2) 잎 만들기

※ 원래 매화꽃이 피었을 때는 잎이 없고 꽃이 진 다음
   잎이 피기 시작하나 여기에서는 잎을 조금 변형하여
   부케 엮는데 이용했다.
① 녹색 꽃 반죽과 꽃 받침을 하고 남은 꽃 반죽을 적당
   히 섞어 2~3가지 색이 나는 대강 섞인 반죽을 만들
   어 놓는다.
② 셀 보드를 이용하여 잎을 만들고 가장자리에 약간의
   웨이브를 주어 건조시킨다.

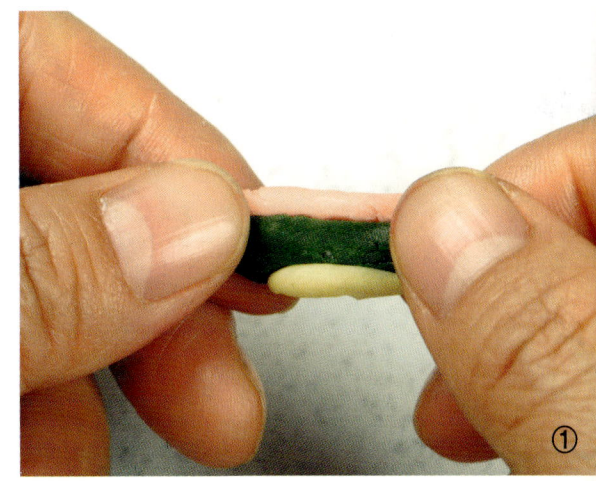

2. 여름

순결한 사랑

✽ 준비도구와 재료

장미 꽃틀, 칼라 꽃틀, 은방울 꽃틀, 메잎틀, 장미 잎틀, 레이스 모양틀, 구슬, 밀대, 가위,
셀 보드, 셀 패드, No.20과 No.30 녹색피복 철사, 식용색소, 식용펄색소.

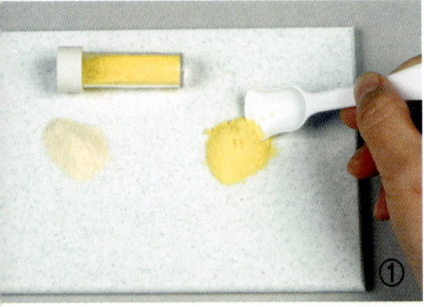

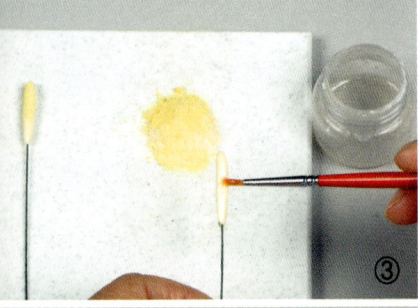

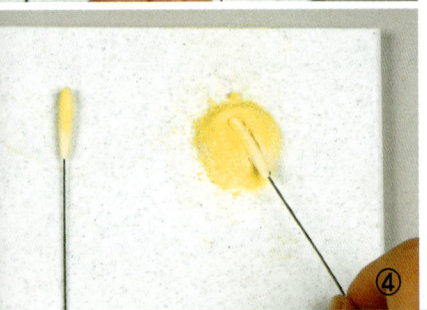

1) 장미꽃 만드는 방법은 60페이지와 동일함.

2) 칼라(Calla) 꽃 만들기
(꽃말 : 열정, 환희, 장대한 미)

① 꽃가루를 먼저 만들어 놓는다. 세몰리나(파스타의 원료인 세몰리나는 듀럼밀을 굵게 부순 밀가루를 말한다.)에 노란색 분말색소 섞거나 또는 옥수수가루를 이용할 수도 있고 노란색 꽃 반죽을 곱게 다져 건조시켜 꽃가루로 사용할 수도 있다.
② 꽃 반죽을 짧은 막대 모양으로 만들고 철사에 끼워 고정시켜 꽃술을 만든다.
③ 꽃술의 아랫부분 1/5만 남겨두고 고루 식용풀칠을 한다.
④ 꽃술에 꽃가루를 고루 묻혀준다.
⑤ 흰색 꽃 반죽을 투명 파일 속에서 밀어 펴주고 칼라 꽃틀로 찍어준다.
⑥ 가장자리를 얇게 펴 주고 꺼내어 끝 부분을 좀 더 가늘고 길게 늘려준다.
⑦ 꽃술에 돌려 감아 꽃잎을 붙여준다.
⑧ 건조된 후에 꽃의 아랫부분과 윗부분의 끝에 녹색 분말색소를 칠해준다.

3) 은방울꽃(Lily of the valley) 만들기
(꽃말 : 행복의 기별)

① 꽃 반죽 1g 을 원기둥 모양으로 만들어 주변을 미니 밀대로 밀어
　 펴 주고 모양틀로 찍어낸다.

② 작은 봉을 이용 조금씩 방울 모양으로 공간을 넓혀준다.

③ 꽃술을 한가운데에 꽂아 고정시킨다. (여러 개를 위와 같은 방법으
　 로 만든다.)

④ 봉오리는 꽃 반죽 0.5g을 둥글려 꽃술에 고정시키고 파레트 나이
　 프를 이용 꽃잎의 간격을 만들어주고 봉오리 끝에 녹색 분말 색소
　 를 살짝 칠해준다.

⑤ 엮기 : 봉오리 3~4개를 테이프를 이용해 철사에 지그재그로 고정
　 시키고 이어 은방울꽃도 같은 방법으로 엮어 완성한다

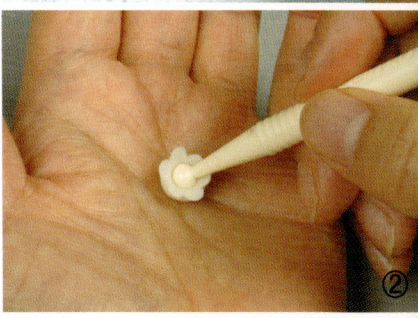

4) 레이스 데커레이션(Lace decoration)

① 레이스틀에 펄색소를 붓으로 고루 칠해 놓는다.

② 꽃 반죽을 틀 위에 올리고 밀대로 밀어준다.

③ 틀에서 반죽을 떼어내고 가장자리를 가위로 잘라낸다.

④ 케이크의 지정한 위치에 식용풀을 이용하여 붙인다.

구름위의 신랑신부

✳ **준비도구와 재료**

미니 장미틀, OHP 필름, 모양깍지, 짤주머니, 셀 보드. 셀 패드, 꽃술, 녹색피복 철사
(No.24, No.30), 색소, 파레트 나이프, 꽃반죽, 로열 아이싱, 봉.

①

※ 전통혼례복을 입은 신랑신부, 구름문양, 전통문살무늬 등 우리 한국 고
  유의 문양과 여름이면 우리의 작은 꽃밭 어디에서나 볼 수 있는 저녁나
  절에 피는 수줍은 분꽃을 이용하여 케이크를 만들어 보았다.

1) 분꽃(Mirabilis jalapa) 만들기
(꽃말 : 수줍음)

① 작은 꽃술 10개를 철사에 고정시킨다.

② 꽃 반죽을 작은 나팔 모양으로 만들어 꽃 모양틀로 찍어낸다.

③ 또 다른색의 꽃 반죽도 ②와 같은 방법으로 만들어 놓는다.

④ 두 개의 꽃 모양에서 꽃잎 한장을 세로로 길게 잘라내어 바꿔 붙인다.

⑤ 가장자리를 하트 모양으로 오려내고 얇게 밀어 편다.

⑥ 꽃잎 끝에 약간의 웨이브를 만들어주고 중앙에 선을 만들어 준다.

⑦ 꽃 한가운데 홀을 만들어 주고 ①의 꽃술을 꽂아 고정시킨다.

⑧ 녹색 꽃반죽으로 분꽃 씨 모양을 만들어 꽃 아랫쪽에 붙인 후 작은 꽃
  받침을 만들어 씨를 감싸듯이 붙인다.

④

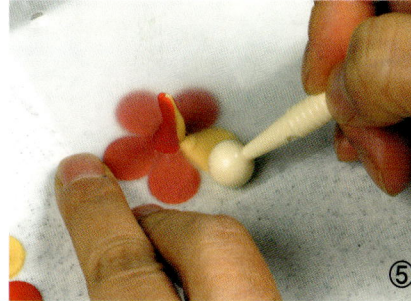
⑤

⑥

2)잎 만들기

① 잎 모양틀만 다르고 만드는 방법은 61페이지의 장미 잎과 같다.

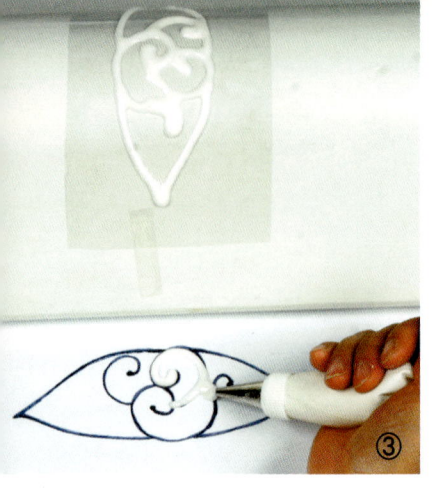

3)구름과 전통문 만들기

① 로열 아이싱을 만들어 짤주머니에 넣어 놓는다.

② 구름 모양의 밑그림을 놓고 그 위에 OHP 필름을 얹고 테이프로 고정시킨다.

③ No.5 모양깍지를 끼워 구름모양으로 짜 주고 굳기 전에 둥근 통이나 병에 테이프로 고정시키고 건조하게 둔다.

④ 전통 문 문양의 밑그림을 그려 OHP 필름 밑에 두고 No.1번 모양깍지를 짤주머니에 끼우고 선을 짠다.

⑤ 원하는 곡선을 만들려면 건조되기 전에 둥근 원형통에 고정시킨후 건조하게 둔다.

⑥ 완전히 건조되면 OHP 필름을 안쪽으로 밀어주며 떼어낸다.

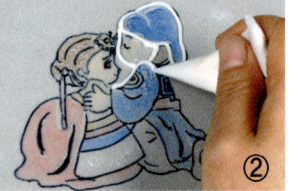

4)신랑신부 만들기 (Run-out 기법)

① 로열 아이싱에 필요한 각각의 색소를 넣고 유산지로 작은 짤주머니를 만들어 담아 놓는다.

② OHP 필름에 신랑 신부를 그리고 바깥쪽 선에 No.1 모양깍지로 선을 따라 로열 아이싱을 짠다.

③ 엷은 색부터 로열 아이싱으로 여백을 채워준다.

④ 여백에 로열 아이싱이 모두 채워지면 60W 이상의 스탠드를 이용하여 1시간 동안 조사한다.(빛을 쪼여줘야 로열 아이싱이 광택이 남)

⑤ 1시간 후 스탠드를 끄고 상온에서 2~3일동안 건조시킨다.

⑥ 완전히 건조되면 식용색소나 식용 펜을 이용하여 눈, 꽃그림 등을 그려 넣는다.

＊ 유산지로 짤주머니 만드는 방법

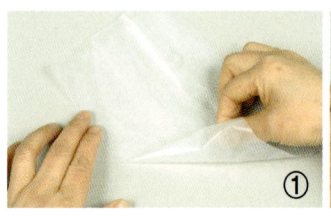

＊ 준비도구와 재료

　밀대, 셀 보드, 셀 패드, 가위, 꽃 모양틀, 식용색소, No.30 흰색피복철사, No.30 녹색피복
철사, 꽃 반죽, 꽃 테이프, 리본

1) 무궁화(The rose of sharon) 만들기
(꽃말 : 섬세한 아름다움)

① 노란색 꽃 반죽을 다져서 꽃가루를 만들어 건조시켜 놓는다.

② 흰색 반죽을 흰색 철사에 원뿔 모양으로 고정시켜 놓는다.

③ 위에 식용풀을 칠해주고 꽃가루를 돌려가며 고루 묻힌다.

④ 흰반죽에 철사를 끼워 보드 위에 놓고 밀대로 얇게 밀어 꽃잎모양으로 오려준다

⑤ 줄무늬 봉으로 무늬를 주고 가장자리를 얇게 해준다.

⑥ 셀 패드 위에 놓고 웨이브를 만들어준다.

⑦ 다섯 장이 만들어지면 중앙에 꽃술을 두고 엮어준다.

⑧ 꽃받침을 만들어 붙인다.

⑨ 건조된 후 꽃잎 안쪽에 붓으로 분말색소를 칠한다.

2) 무궁화 잎 만들기

① 녹색 반죽에 녹색 철사를 끼워 셀 보드 위에서 밀어주고 틀을 이용하
여 오려낸다.

② 잎맥을 찍어주고 셀 패드 위에 놓고 약간의 웨이브를 만들어준다. (큰
잎과 작은 잎을 만들면 엮을 때 유용하게 쓰인다.)

3) 레이스 만들기

① 꽃 반죽을 얇게 밀어놓고 레이스 커터로 모양을 뜬다.

② 줄무늬가 있는 원뿔 모양의 스틱을 이용하여 레이스를 만든다.

③ 일정 간격으로 표시해 둔 케이크 위치에 식용풀을 이용하여 레이스를
붙인다.

④ 레이스 붙인 위의 가장자리에 구슬모양으로 로열 아이싱을 짠다.

수줍은 나팔꽃

✱ 준비도구와 재료

원형틀, No.30 녹색피복철사, 밀대, 꽃술, 잎 모양틀, 꽃 테이프, 꽃 반죽, 식용색소, 미니
가위, 셀 패드.

1) 나팔꽃(Morning glory) 만들기
(꽃말 : 기쁜소식, 결속)

① 꽃술을 철사에 고정시킨다.
② 흰색 꽃 반죽으로 꽃자루를 만들어 주고 아랫부분에 자주색 꽃 반죽
  을 붙여 작은 나팔 모양으로 밀어준다.
③ 원형틀로 찍어내고 가장자리를 얇게 펴준 후 웨이브를 만든다.
④ 꽃의 가장자리를 5등분하여 손으로 살짝 잡아준다.
⑤ 꽃 중앙에 홀을 만든 다음 ①의 꽃술을 꽂아 고정시킨다.
⑥ 꽃받침을 만들어 붙인다.
⑦ 완전히 건조되면 분말색소를 칠하여 좀 더 생생한 꽃으로 표현한다.

2) 잎 만들기

① 초록색 반죽을 원형으로 만든 후 셀 보드 위에 눌러 주어 돌출된 부분
  에 철사를 끼워 넣는다.
② 다시 셀 보드의 홈이 있는 곳에 놓고 밀대로 얇게 밀어준다.
③ 잎모양틀로 오려낸 후 잎맥을 찍어주고 셀 패드 위에서 가장자리에
  약간의 웨이브를 만들어 준다.

사랑의 약속

✳ 준비도구와 재료

줄무늬 밀대(smocking), 장미 꽃틀, 잎틀, 흰색피복철사(No.20, No.30), 흰색 꽃 테이프,
식용 펄 색소, 식용 금가루, 에틸알코올, 꽃 반죽

1) 흰 장미(White rose)
(꽃말 : 행복)

장미꽃과 잎 만드는 방법은 60~61페이지와 같으나 모두 흰색꽃 반죽으로 만들고 잎에 펄 색소를 칠해준다.

2) 금반지(Gold ring) 만들기

① 꽃 반죽으로 링을 2개 만든다.
② 식용 금가루에 약간의 알코올을 섞어 반지에 칠해 준다.

3) Ring bearer 레이스 만들기

① 꽃 반죽을 얇게 밀어 자를 대고 2.5㎝ 넓이로 잘라내어 한쪽 가장자리에 원뿔 모양의 스틱으로 주름을 넣어준다.
② 커버링 해 놓은 쿠션에 돌려가며 식용풀로 붙여준다.
③ 꽃 반죽을 얇게 밀어 펴주고 다시 줄무늬 밀대(smocking)를 이용하여 한번에 줄무늬를 만들어 준다.
④ 7㎜ 폭으로 길게 잘라 핑크 펄 색소를 칠하고 레이스를 붙인 윗 부분에 겹쳐 붙인다.

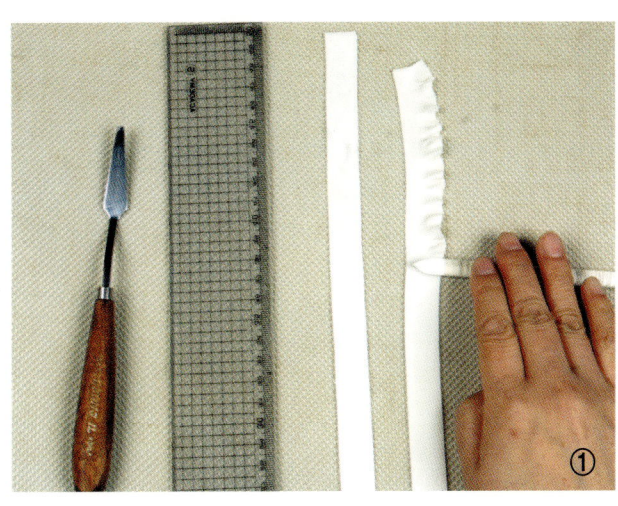

FALL

3. 가을

✳ 준비도구와 재료

여러 가지 잎 모양틀, 식용색소, No.30 갈색피복철사, No.30 흰색피복철사, 갈색 테이프, 미니가위, 밀대, 원형 모양틀, 잎맥틀, 꽃반죽, 셀 보드, 셀 패드.

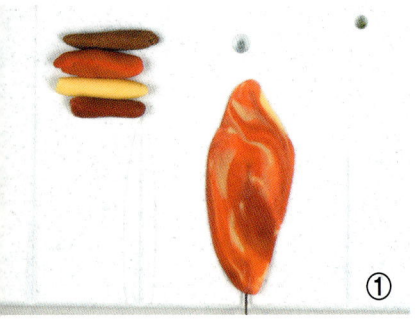

1) 떡갈나무(Quercus dentata) 잎 만들기
(꽃말 : 공명정대, 강건)

① 노란색 꽃 반죽, 연갈색 꽃 반죽. 녹색 꽃 반죽을 잘게 잘라 한덩이로 만든다.

② 파레트 나이프로 잘라 타원형으로 만들고 철사를 끼워 셀 보드 위에 놓고 얇게 밀어준다.

③ 떡갈나무 잎 모양틀을 놓고 오려내고 가장자리를 얇게 밀어주고 잎맥도 찍어준다.

2) 상수리나무(Quercus) 잎 만들기
(꽃말: 번영)

상수리나무도 잎 모양만 다르고 만드는 방법은 위와 같다.

3) 상수리 만들기(또는 도토리)

＊ 도토리는 저자가 많은 시행착오를 거쳐 만드는 방법을 개발한 것으로 도구를 이용하지 않고 도토리 표면에 줄무늬를 표현할 수 있다.

① 연갈색 꽃 반죽과 크림색 꽃 반죽을 10㎝ 스틱 모양으로 만들고 2개의 반죽을 접착시켜 20㎝ 길이로 늘려 반으로 잘라 겹쳐서 같은 방법으로 10번~15번 반복한다. (이때 줄무늬가 꼬이지 않고 항상 일직선을 유지하도록 한다.)

② 비닐 백에 넣고 반죽을 1㎝ 길이만 잘라내어 한쪽을 뾰족하게 만들어준다. (무늬는 당연히 세로줄로 남아 있어야 한다.)

③ 갈색 철사에 고정시킨다.

④ 연갈색 꽃 반죽으로 상수리 깍지를 만들어 위의 상수리 아랫쪽에 붙이고 미니가위로 깍지에 가위밥을 넣어준다.

4) 청미래(망개)잎 만들기(Smilax china)

① 빨간색, 노란색, 주황색, 초록색 꽃 반죽을 무작위로 뜯어 섞어주고 길게 만들어 비닐백에 넣고 파레트 나이프로 적당량씩 잘라둔다.
② 잘라낸 반죽에 갈색 철사를 끼워 셀 보드 위에서 얇게 밀어 펴주고 하트 모양틀로 오려낸다.
③ 가장자리를 얇게 밀어주고 약한 웨이브를 만든다.
④ 원형 모양깍지를 이용하여 원형 잎맥을 찍어준다.

①

5) 청미래(망개) 열매 만들기

① 빨간색 꽃 반죽을 작은 구형으로 만들어 갈색 철사에 끼운다.
② 광택제를 발라 건조시킨다.

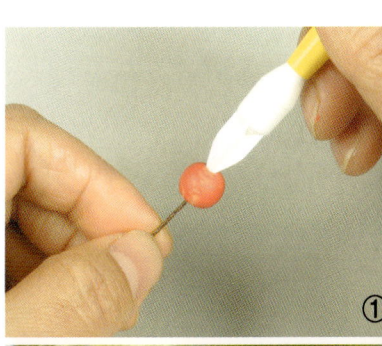

①

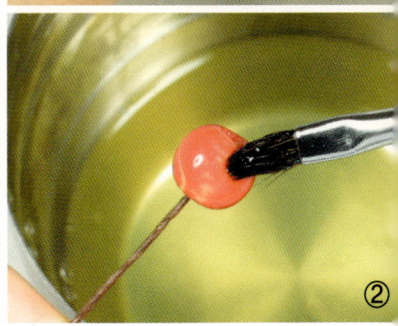

②

미니 하트

✽ 준비도구와 재료

장미꽃 모양틀, 물결무늬틀, 미니가위, 식용색소, 로열 아이싱, 꽃 반죽, 커버반죽, 백색 펄
색소, 짤주머니, 식용풀, 주름봉.

④

1) 크리스마스 로즈(Christmas rose) 만들기

① 흰색 꽃반죽을 밀어 펴고 장미꽃 틀로 모양을 찍어낸다.
② 가장자리를 봉으로 얇게 해주고 주름봉으로 웨이브를 만든다.
③ 필름 깍지에 올려 건조시킨다.
④ 건조되면 펄색소를 칠하고 로열 아이싱을 꽃술처럼 짠다.

2) S자 만들기

① 커버 반죽을 양끝이 가는 스틱으로 만든다.
② S자 모양 밑그림을 OHP 필름 아래쪽에 두고 ①의 반죽을 S자 모양대로 놓아 건조시킨다.
③ 케이크 위에 S형태(덩굴 또는 당초무늬)를 로열 아이싱으로 세워서 붙이고 그 위에 꽃을 한 송이씩 붙인다.

②

③

3)케이크 하단 장식 붙이기

꽃 반죽을 물결 모양틀로 찍어내고 가장자리를 가위로 다듬어 케이크 측면에 붙인다.

WINTER

4. 겨울

크리스마스 신부

✻ **준비도구와 재료**

　포인세티아틀, 호랑가시나무틀, 셀 보드, 밀대, 봉, 흰색피복철사(No.30), 녹색피복철사
(No.30), 꽃 테이프, 리본, 셀 보드, 셀 패드, 식용색소, 광택제

1) 포인세티아(Poinsettia)
(꽃말 : 나의 마음은 타고 있습니다, 축하합니다, 축복하다)

① 초록색 반죽과 빨간색 꽃 반죽을 조금씩 떼어 구형으로 만든다.
② 빨간색이 위로 가도록 철사에 끼워 고정시키고 빨간색 반죽을 미니 가위로 잘게 자른다.
③ 끝에 식용풀을 발라주고 노란색 꽃가루를 묻힌다. (여기까지가 꽃술)
④ 빨간색 꽃 반죽에 흰색 철사를 끼워주고 셀 보드에 올려 얇게 밀어준다.
⑤ 포인세티아틀로 찍어주고 잎맥을 눌러준다.
⑥ 가장자리를 얇게 밀어주고 약한 웨이브를 만든다.
⑦ 빨간색은 작은 것부터 큰 것까지 고루 만든다.
⑧ 초록색 꽃 반죽으로 큰 잎을 몇 장 만든다.
⑨ 꽃술을 3~5개 모아주고 작은 잎부터 엮어 주며 맨 아래쪽에는 초록색 잎을 엮어 완성한다.

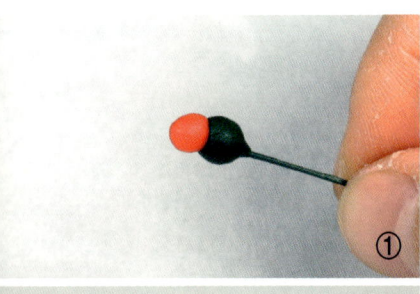

2) 호랑가시나무(Holly leaf) 잎 만들기
(꽃말 : 가정의 행복)

* 호랑가시나무는 크리스마스 장식용으로 많이 쓰인다.

① 호랑가시나무 잎 만들기는 틀 모양만 다르고 다른 잎 만들기와 동일하다.
② 빨간색 꽃 반죽을 이용 호랑가시나무 열매를 작고 동그랗게 만든다.
③ 잎과 열매 모두에 광택제를 뿌리거나 계란 흰자를 발라 건조시킨다.
   (또는 뜨거운 수증기를 잠깐 쬐어주고 건조시켜도 광택이 난다)

✳ 준비도구와 재료

스틱형 레이스틀, 아기천사틀, 하트 모양틀, 아크릴 반구, 밀대, 벽돌모양틀, 자, 가위, 검 페이스트(또는 모델링 반죽이나 커버링 반죽), 식용풀, 로열 아이싱, 파레트 나이프, 얼음 설탕.

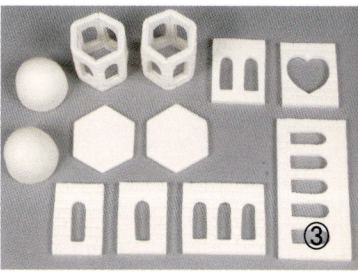

1) 성(Castle) 만드는 방법

① 먼저 성의 외형을 스케치 해본다.

② 작은 상자들을 모아 비슷한 모양으로 한번 쌓아본다.

③ 두꺼운 종이나 우드락으로 벽과 창문을 만들어 붙여보고 완벽하다고 생각되면 층별로 벽과 창문, 지붕 등을 분해한다.

④ 검 페이스트를 4~5㎜ 두께로 밀어 벽과 창문 규격에 맞게 자를 대고 잘라내어 벽돌 문양을 찍어 평평한 곳에 두어 완전히 건조시킨다.

⑤ 완전히 건조된 벽들을 1층부터 식용풀이나 로열 아이싱으로 붙여나간다.

⑥ 2층 난간과 3층 난간은 스틱형틀로 찍어 약간 건조된 후에 로열 아이싱으로 붙인다.

⑦ 아기 천사는 모양틀에 찍어내어 가장자리를 가위로 다듬어주고 로열 아이싱으로 붙인다.

⑧ 반구형 지붕에는 로열 아이싱으로 모양을 짜거나 모양틀로 찍어낸 것을 붙여준다.

⑨ 바닥에는 식용풀로 얼음 설탕을 붙이고 로열 아이싱을 눈 모양으로 짜서 굳힌 것을 얹어놓는다.

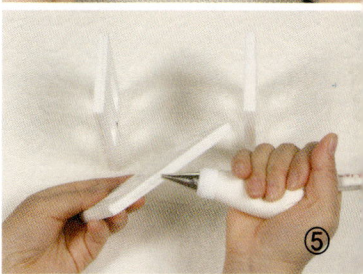

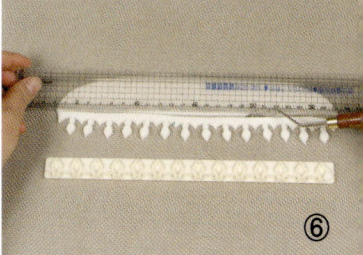

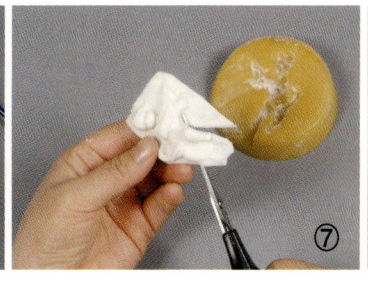

화이트 웨딩 케이크

✻ 준비도구와 재료

로열 아이싱, OHP 필름, 실물의 섬유질(Skeleton leaf), 꽃바구니 모양틀, 파레트 나이프, No.1~2 모양깍지, 짤주머니, 60W 이상의 스탠드, 돌림판, 스패튤라

1) 만드는 방법
(Coating with royal icing 기법)

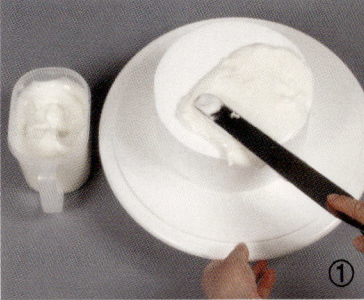

① 케이크를 테이블에 올리고 케이크 중앙에 로열 아이싱을 올려 파레트 나이프를 평평하게 해서 위 표면을 완전히 덮을 때까지 부드럽게 펴 준다. 좀 더 고른 코팅을 하고 싶으면 파레트 나이프(스패튤라)의 끝을 중앙에 두고 날을 10˚ 정도 반지름 각도로 세워 열린쪽으로 360˚로 한번에 회전시킨다.

② 가장자리에 남아있는 아이싱은 파레트 나이프를 케이크 옆면과 평평하게 세워 깎아내듯이 제거해주고 건조시킨다.

③ 케이크 옆면은 파레트 나이프로 바닥까지 로열 아이싱을 바르고 나이프는 반드시 옆면과 평행하게 세워서 완전히 코팅될 때까지 계속한다.

④ 케이크에 로열 아이싱을 할 때마다 건조시켜가며 3번 반복한다.

⑤ 위에 올릴 장식은 OHP필름에 로열 아이싱을 런 아웃 기법으로 짜고 1시간동안 스텐드로 조사(빛을 쪼임) 해주고 2~3일간 완전 건조시킨다.

⑥ 식물의 섬유질(Skeleton leaf)도 하트 모양으로 오려 안쪽 잎맥은 No.1 모양깍지로 짜주고 가장자리는 No.2 모양깍지로 짜서 건조시킨다.

⑦ 완전히 건조된 케이크 측면에 2중 선짜기를 하고 건조시킨다.

⑧ 꽃 반죽을 이용하여 꽃바구니 모양틀로 찍어내고 가장자리를 다듬어 원하는 위치에 식용풀을 이용하여 붙인다.

⑨ ⑤의 건조된 런 아웃 장식물을 조심스럽게 떼어내 케이크 위에 붙인다.

⑩ 건조된 하트 모양의 꽃잎을 입체감을 주면서 로열 아이싱으로 붙인다.

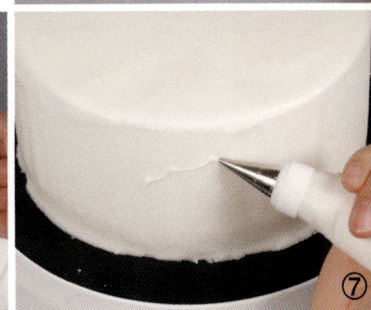

part 5

Anniversary

1. 기념일 케이크

2. 동화속으로

3. 기타

cakes

1. 기념일
케이크

탄생 365일

✽ 준비도구와 재료

카네이션 꽃틀, 수선화 꽃틀, 인동꽃틀, 밀대, 봉, 셀 패드, 셀 보드, 가위, 꽃술,
No.26, No.30 녹색피복 철사, 꽃 테이프, 스크래치 나이프, OHP 필름, 식용색소,
아기 모양틀, 줄무늬 밀대, 짤주머니, 모양깍지, 슈거 크래프트용 펜. 꽃 반죽, 로열 아이싱.

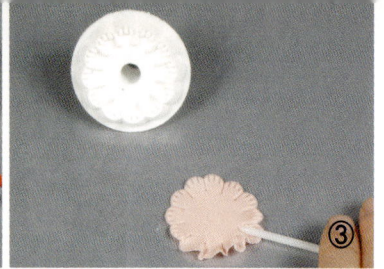

1) 카네이션(Carnation) 만들기
(꽃말 : 감사, 보은)

① 철사에 꽃 반죽을 조금 붙여놓는다.(이렇게 하면 꽃잎 접착이 용이함)

② 꽃 반죽을 밀어 카네이션틀로 찍어낸다.

③ 작은 그틱형 봉으로 꽃 가장자리를 눌러 굴려가며 많은 주름을 만들어 준다.

④ ①의 철사에 ③의 꽃잎을 반으로 접어 붙이고 다시 1/4씩 접어 붙여주고 엄지와 검지를 이용하여 꽃자루를 만들어준다.

⑤ ③의 방법으로 만든 꽃잎을 ④에 반복해서 더 붙인다.

⑥ 녹색 꽃 반죽을 얇게 밀어 펴고 꽃받침틀로 찍어 큰 꽃받침을 먼저 붙이고 작은 꽃받침을 나중에 붙인다.

2) 수선화(Narcissus) 만들기
(꽃말 : 신비, 자존심, 고결)

※ 수선화 꽃은 크림색이나 노란색이 주류를 이루지만 여기서는 다른 꽃과 조화를 이루기 위하여 핑크색으로 만들었다.

① 노란색 꽃술을 7개 정도 철사에 묶는다.

② 꽃 반죽을 밀어 부채꼴 모양의틀로 찍어내어 넓은 쪽의 가장자리에 요지로 잔주름을 만들어 ①의 꽃술에 나팔모양으로 붙인다.

③ 세잎 꽃틀로 찍어낸것은 잎에 줄무늬를 주고 가장자리를 얇게 해 놓는다.

④ 작은 나팔 모양으로 만든 꽃 반죽에 세잎 꽃틀로 찍어 줄무늬를 눌러주고 가장자리를 얇게 해준 ③의 꽃잎을 어긋나게 붙인다.

⑤ 중앙에 홀을 만들어주고 ②에 꽂아서 붙인다.

⑥ 꽃잎 끝을 두 손가락으로 살짝 잡아서 끝이 약간 뾰족하게 만든다.

3) 인동(Honey suckle) 만들기
(꽃말 : 사랑의 인연)

① 철사에 꽃술을 고정시킨다.

② 나팔 모양으로 꽃 반죽을 밀어 인동꽃 모양틀로 찍어낸다.

③ 꽃 가장자리를 얇게 해주고 가운데 홀을 만들어 ①의 꽃술을 넣고 고정시킨다.

④ 완전히 건조되면 꽃의 끝에 핑크색 분말 색소를 칠한다.

⑤ 봉오리는 반죽을 철사에 조금 길게 감아 매끄럽게 해주고 건조되면 엷은 핑크색 색소와 초록색 색소를 칠해준다.

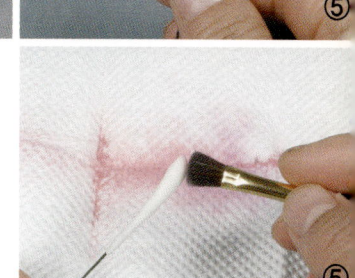

⑥ 잎만들기는 모양틀만 다르고 장미잎 만들기와 같은 방법으로 한다.

4) 아기(Baby) 만들기

① 모델링 반죽으로 틀을 이용하여 두 아기를 만든다.

② 꽃 반죽을 밀어서 여자 아기와 남자 아기의 옷과 모자를 만들어 붙여준다.

③ 얼굴 표정은 슈거 크래프트용 펜이나 진한커피 등으로 그린다.

5) 케이크 측면장식

① 케이크 측면에 먼저 디자인한 부분을 표시 해둔다.

② 줄무늬 밀대(Smocking)로 꽃 반죽을 밀어놓고 자를 대고 일정한 간격으로 핀셋을 이용하여 로열 아이싱 짜줄 부분을 표시 해둔다.

③ 디자인 한 모양으로 잘라주고 케이크 옆면에 붙인다.

④ 레이스를 만들어 윗 부분에 붙이고 가장자리는 로열 아이싱을 No.2 모양깍지로 구슬모양으로 돌려 짠다.

⑤ 핀셋으로 표시한 부분에 No.1 모양깍지로 로열 아이싱을 짜주고 건조시킨다.

6) 인동문양 그림 그리기 (Hand-painting)

※ 인동은 줄기와 꽃을 약용으로 하는 식물로 인동덩굴을 도안화 한 일종의 당초무늬로 건축물이나 공예품의 장식에 쓰이기도 하며 고대 이집트, 그리스, 로마, 서아시아, 중국에서도 인동문양이 이용되었고 한국에서도 이미 신라시대 암막새 기와에 인동문양을 사용했다.

① OHP 필름에 인동당초무늬를 그린다.

② 스크래치 나이프로 무늬를 오려낸다.

③ 케이크에 고정시키고 오려낸 선을 따라 붓이나 슈거 크래프트용 펜으로 그림을 그려준다.

탄생 100일

✳ 준비도구와 재료

무늬밀대, 가위, 자, 슈거 크래프트 건, 스템프, 꽃 반죽, 로열 아이싱, 식용색소, 짤주머니, 토끼 모양틀. 모델링 반죽.

1) 만드는 방법

① 두 가지 갈색 반죽을 섞어 무늬 밀대로 밀어 바구니 모양으로 잘라 케이크에 붙인다.

② 아기 얼굴을 동글납작하게 만들어 붙이고 슈거 크래프트 건으로 머리카락을 만들어 붙인다.

③ 건조되면 슈거 크래프트용 펜으로 눈썹과 입술을 귀엽게 그린다.

④ 바구니 가장자리에 레이스를 붙인다.

⑤ 무늬밀대로 흰색 꽃 반죽을 밀어주고 흰색 펄 색소를 바른다음 커텐 모양으로 잘라 붙인다.

⑥ 커텐에 리본으로 묶을 자리를 만들어 놓고 리본모양을 만들어 붙인다.

⑦ 케이크 중간은 옥색 반죽을 만들어 밀어 펴놓고 스탬프로 무늬를 찍어 자를 대고 길게 리본처럼 잘라서 붙인다.

⑧ 리본모양 위, 아래에 로열 아이싱으로 마무리한다.

⑨ 토끼 모양틀에 반죽을 넣고 눌러 모양을 만들고 가장자리를 다듬어준다.

⑩ 건조되면 분말색소를 이용하여 여러 가지 색으로 토끼옷을 칠하고 슈거 크래프트용 펜으로 눈, 코, 입도 그린다.

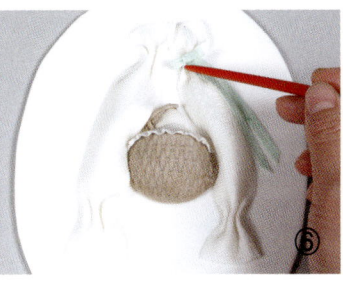

고추를 엮은 탄생

* 준비도구와 재료

여섯잎 꽃모양틀, 가위, 셀 보드, 밀대, No.30 녹색피복철사, 식용색소, 광택제, 슈거 크래프트 건.

＊ 이 케이크는 아들이 태어났을 때 대문 앞에 고추와 소나무 가지를 엮어 금줄 치던 옛 풍
  습을 케이크에 적용시켜 보았다.

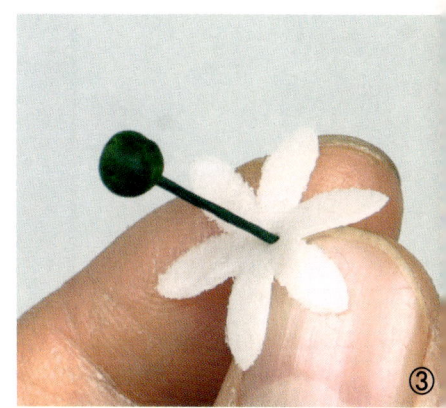

1) 고추 꽃(Pepper flower) 만들기

① 철사에 쌀알크기의 초록색 꽃 반죽을 고정시키고 파레트 나이프로 4개
   의 줄무늬를 만든다.
② 끝 부분에 식용풀을 바르고 세몰리나를 묻혀 꽃가루를 표현해준다.
③ 흰색 꽃 반죽을 얇게 밀어 여섯잎 작은 꽃틀로 찍어내어 ①의 열매에 붙
   인다.

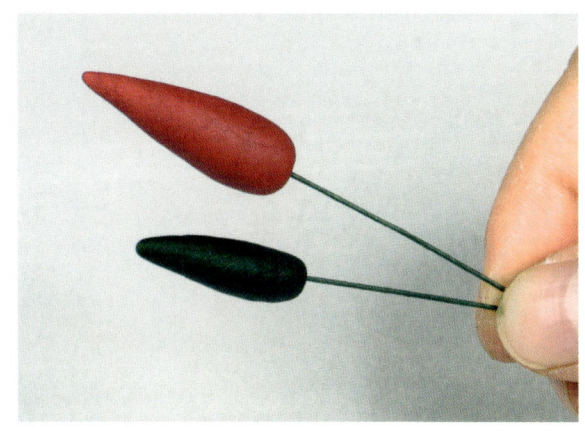

2) 고추 만들기

① 빨간색과, 초록색 반죽으로 고추 모양을 만들고 완전히 건조되면 광택제를 바른다.
② 초록색 꽃 반죽으로 꼭지를 만들어 붙인다.

3) 고추 잎 만들기

잎 모양만 다르고 만드는 방법은 61페이지의 장미 잎과 같다.

4) 새끼줄(Straw rope) 만들기

꽃 반죽을 크림색으로 만들어 슈거 크래프트 건 속에 넣고 눌러서 긴 국수
처럼 만들어진 것을 2등분하여 꼬아 케이크 가장자리에 붙여준다.

고희연

✳ **준비도구와 재료**

꽃술, No.30 녹색피복철사, 스텐실 필름, 가위, 꽃 테이프, 꽃 반죽, 커버 반죽, 식용색소, 식용금가루, 짤주머니, 로열 아이싱, 스탬프, 셀 보드, 셀 패드.

1) 달맞이꽃(Evening-primrose) 만들기
(꽃말 : 말없는 사랑, 소원, 기다림)

① 철사에 꽃술을 10개 정도 고정시킨다.

② 노란색 꽃 반죽을 나팔 모양으로 밀어주고 미니장미 틀로 찍어낸다.

③ 다섯잎 중 한잎을 잘라내고 꽃잎을 하트 모양으로 오려준 후 가장자리를 얇게 펴준다.

④ 꽃잎에 볼륨을 주고 중앙에 작은 홀을 만든후 ①의 꽃술을 고정시킨다.

⑤ 초록색 반죽으로 조금 긴 두잎의 꽃받침에 볼륨을 주고 붙여준다.

2) 전통문살(Korean traditional door) 만들기

① 밑그림을 전통문살 문양으로 그린다.

② 밑그림 위에 OHP 필름을 올리고 로열 아이싱을 짠다.

③ 곡선 전통문살 무늬는 원통에 테이프로 고정시켜 건조시킨다.

④ 완전히 건조되면 케이크 옆면에 로열 아이싱으로 붙인다.

3) 스텐실(Stencil)

① 장미 문양이 있는 스텐실 필름을 케이크에 고정시킨다.

② 식용 금가루에 알코올을 섞어 붓으로 스텐실 위에 칠한다.

③ 필름을 제거하면 그림이 나타난다.

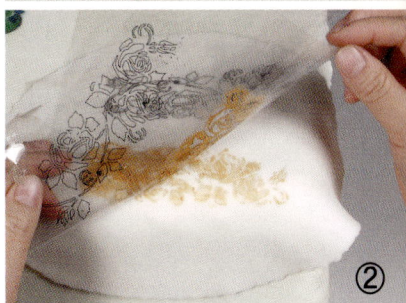

Hot cross Buns.

Hot cross buns, Hot cross buns.
One a Penny, two a penny,
    Hot cross buns.
If your daughters don't like them,
give them to your sons,
One a Penny, two a penny,
    Hot cross buns.

✽ 준비도구와 재료

No.30 녹색피복철사, 스텐실, 슈거크레프트용 펜, 꽃반죽, 식용색소, 자, 파렛트 나이프, 식용금가루, 알코올.

1) 미니장미꽃 만들기

60페이지의 장미꽃 만들기와 동일한 방법이다.

2) 책(Book) 만들기

① 책 모양 케이크에 커버를 씌우고 양쪽 책 옆을 파레트 나이프로 줄 무늬를 만든다.
② 꽃 반죽을 얇게 밀어 책과 같은 규격으로 잘라 위에 붙이고 건조시킨다.
③ 식용금가루와 알코올을 섞어 책 가장자리에 붓으로 칠한다.

3) 레터링(lettering)

Hot Cross Buns

Hot cross buns, hot cross buns,
One a penny, two a penny,
Hot cross buns.
If your daughters don't like them,
Give them to your sons,
One a penny, two a penny,
Hot cross buns.

따끈따끈한 빵

따끈따끈한 빵이 왔어요, 따끈따끈한 빵이요,
1페니에 하나, 말만 잘하면 둘,
따끈따끈한 빵이 왔어요.
딸이 싫다 하면, 아들에게 주면 되고,
1페니에 하나, 말만 잘하면 둘,
따끈따끈한 빵이 왔어요

4) 스텐실

① 스텐실 필름을 고정시키고 분말색소를 붓으로 칠한다.
② 줄기 부분은 슈거 크래프트용 펜으로 그려준다.

5) 책갈피 만들기

① 노란색 꽃 반죽을 밀어 자를 대고 길게 잘라준다.
② 세가닥으로 만들어 땋아준다.
③ 끝은 가위로 잘게 잘라 술을 만든다.

2. 동화 속으로

* **준비도구와 재료**

마지팬 도구, 솔방울틀, 나뭇잎틀, 셀 보드, No.30 갈색피복철사, 모델링 반죽, 꽃 반죽, 커버 반죽, 식용색소, 가위, 식용풀.

1) 솔방울(Pinecone) 만들기

① 갈색 꽃 반죽을 2㎜ 두께로 밀어 각기 다른 크기의 여덟잎 꽃틀로 찍어낸다.

② 철사에 갈색 반죽을 짧은 스틱모양으로 고정시키고 여덟잎 끝을 살짝 눌러 잡아준 다음 잎을 잘라서 세잎과 다섯잎으로 구분한다.

③ 3잎을 ②의 아래쪽에 붙이고 다섯잎을 세잎과 엇갈리게 붙인다.

④ ③의 아래쪽에 3㎜ 두께의 갈색 반죽을 붙이고 여덟잎의 끝을 엄지와 검지 손가락으로 살짝 잡아 솔방울 끝을 표현한 다음 다시 붙여준다.

⑤ 여섯겹이 될 때까지 같은 방법으로 반복한다.

⑥ 완성되면 솔방울 끝에 금가루를 붓으로 살짝 칠한다.

2) 동물(Animals) 만들기

① 동물 만들기는 팬더 곰 만드는 방법과 같으며 아래 그림을 참고한다.

〈백조 만들기〉

① 모델링 반죽을 이용하여 몸통을 큰 2자 형태로 만든다.

② 반죽을 얇게 밀어놓고 깃털 모양으로 오려 날개와 몸통의 끝부터 붙여나간다.

③ 건조되면 식용색소로 눈과 부리를 그린다.

원숭이

다람쥐

  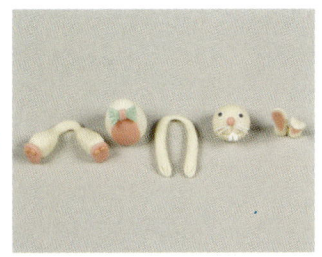  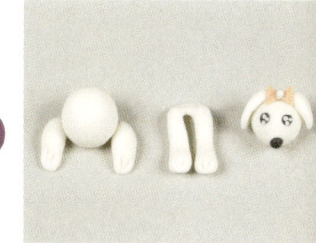

 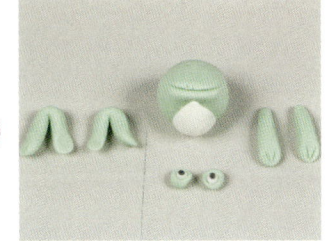  

3) 케이크 옆면장식

① 갈색 커버 반죽을 씌우고 마지팬 도구를 이용하여 무작위로 세로 줄무늬를 만든다.

② 문은 문양이 있는틀에 반죽을 밀어 규격에 맞게 오려 붙인다.

③ 굵은 뿌리 모양도 갈색 반죽으로 길게 만들어 마지팬 도구를 이용하여 무늬를 만들어 붙인다.

호박마차

＊ 준비도구와 재료

밀대, No.30 녹색피복철사, 꽃술, 스틱형 레이스틀, 무늬밀대, 펄 색소, 식용색소,
로열 아이싱, 꽃 반죽, 검 페이스트 또는 모델링 반죽, 슈거 크래프트용 펜,

1) 유홍초(Quamoclit pennata) 만들기

① 철사에 꽃술을 고정시킨다.
② 크림색 꽃 반죽을 작은 나팔모양으로 만들어 준다.
③ 중앙에 작은 홀을 만들고 꽃술을 고정시킨다.
④ 완전히 건조되면 빨간색 분말 색소를 꽃의 안쪽에 칠한다.

2) 호박마차(Carriage of cinderella) 만들기

① 호박 모양으로 다듬은 케이크에 호박색 커버를 씌운다.
② 검 페이스트 반죽으로 바퀴를 만들어 건조시키고 금색분말색소를 칠한다음 호박에 고정시킨다.
③ 흰색 꽃 반죽을 밀어 안개꽃틀로 일정간격 찍어내어 창살을 만들어 붙인다.
④ 무늬 밀대로 커텐을 만들어 펄 색소를 칠한 다음 창에 붙인다.
⑤ 커튼 아랫쪽에 리본으로 묶은 것처럼 붙인다.
⑥ 로열 아이싱을 짜서 건조된 다음 호박 윗부분에 붙인다.
⑦ 검 페이스트 또는 모델링 반죽으로 말을 만들고 건조시켜 호박 앞에 고정시킨다.
⑧ 슈거페이스트를 건으로 뽑아 말의 갈기와 꼬리를 붙여준다
⑨ 유홍초를 엮어 덩굴처럼 만들어 장식한다.

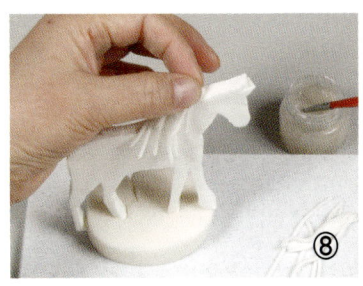

요정의 나라

✽ **준비도구와 재료**

아이비 잎틀, 꽃틀, 나비틀, No.30 녹색피복철사, 꽃 테이프, 스텐실, 식용색소, 가위, 밀대, 꽃 반죽, 커버 반죽.

①

1) 주전자(Kettle) 모양 만들기

① 구형 케이크를 아래쪽과 옆면을 잘라낸다.
② 커버 반죽을 씌우고 주전자가 옆으로 넘어져 있는 것처럼 만든다.
③ 주전자 꼭지를 만들어 붙이고 꽃 반죽으로 커텐을 만들어 붙인다.
④ 윗 부분에 스텐실을 이용하여 꽃무늬를 만들어 준다.

②

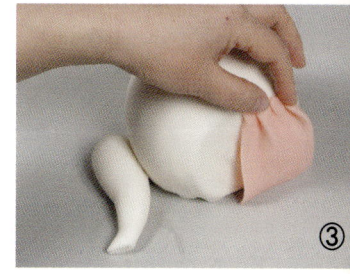
③

2) 아이비(Ivy) 잎 만들기

① 잎 틀 모양만 다르고 장미 잎 만드는 방법과 동일함

3) 요정(Elf) 만들기

① 다리를 만들고 그 위에 몸을 만들어 고정시킨다.
② 스커트를 만들어 붙인다.
③ 양팔을 만들어 붙인다.
④ 윗 옷 레이스를 만들어 팔위에 붙인다.
⑤ 얼굴을 만들고 머리카락을 붙여 몸에 붙여준다.
⑥ 모자를 만들어 씌우고 날개를 만들어 붙인다.
⑦ 눈과 입을 슈거 크래프트 펜으로 그려주고 신발을 만들어 붙인다.

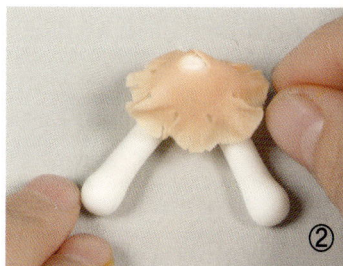
②

③

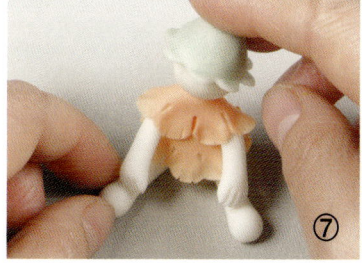
⑦

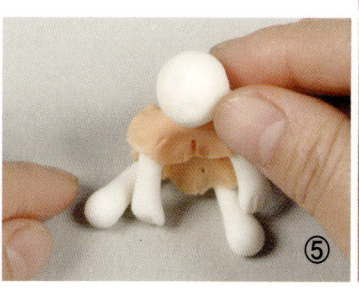
⑤

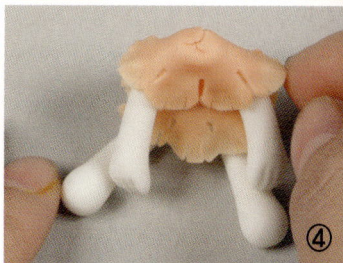
④

팬더곰 가족

✳ 준비도구와 재료

플라스틱 원형 기둥, No.30 녹색피복철사, 대나무 잎 모양틀, 마지팬 도구, 식용색소, 스텐실 필름, 식용색소, 모델링 반죽, 꽃 반죽.

1) 대나무(Bamboo) 만들기
(꽃말 : 지조, 인내, 절개)

① 크림색 꽃 반죽을 2㎜ 두께로 밀어 쇼트닝을 살짝 바른 원형 기둥에 돌려감 아 가장자리를 가위로 정리한다.

② 각각 다른 초록색 반죽 2~3가지를 대강 섞어 마블 상태로 2㎜ 두께로 밀어 놓는다.

③ ①의 표면에 식용풀을 바르고 ②의 반죽을 재단해 붙인다.

④ 초록색 반죽으로 마디를 만들어 붙이고 아크릴 스틱을 이용하여 대나무의 들어간 부분을 표현한다.

⑤ 꽃 반죽으로 대나무 잎을 만들고 잎을 세개씩 엮어 대나무에 꽂아준다.

2) 팬더(Panda) 곰 만들기

① 꽃 반죽과 커버링 반죽을 섞어 모델링 반죽을 만든다.

② 흰색 반죽과 검정색 반죽을 각각 분류한다.

③ 검정색 반죽으로 곰의 뒷다리를 만든다.

④ 흰색 반죽으로 몸통을 만들어 다리 위에 붙이고 배꼽을 만든다.

⑤ 검정색 반죽으로 곰의 양팔을 만들어 몸통 위에 얹어 붙인다.

⑥ 흰 반죽을 이용 구형으로 머리를 만들고 눈, 코, 입, 귀를 만들어 붙인다.

⑦ 팔 위에 머리를 붙인다.

⑧ 흰 반죽으로 곰 발가락과 발바닥을 표현한다.

⑨ 아빠 곰은 크게, 엄마 곰은 조금 작게, 아기 곰은 더 작게 만든다.

3) 케이크 옆면 스텐실

① 같은 그림의 OHP 필름을 세장 만든다.

② 한 장은 지붕 모양만 오려내고, 다른 한장은 창문만 오려내고 또 다른 한장 은 나무와 언덕을 오려낸다.(이렇게 하는 이유는 작업 중 서로 다른 색소가 섞이지 않게 하기 위해서다.)

③ 먼저 지붕 필름을 고정시키고 분말 색소를 이용하여 가장자리에 색소를 칠 한다. 이때 약간 다른 같은 계열의 색소를 섞어 칠하면 좀 더 깊은 음영을 줄 수 있다.

④ 창문이나 나무, 언덕도 같은 방법으로 칠하면 되고 여분의 분말 색소는 살짝 불어서 날린다.

세 마리 용

❋ 준비도구와 재료

밀대, 밑그림, 식용색소, 펄 색소, 로열 아이싱, 짤주머니, 에어 브러시,
슈거 크래프트용 펜, 식용풀, 모델링 반죽 또는 검 페이스트. 요지.

* 하단의 리본은 무지개를 표현했고 파란색의 바닥은 하늘을 로
  열 아이싱은 구름이라 상상하며 만들었다.

1) 용(Dragon) 만들기

① 밑그림을 만들어 몸체, 다리, 날개, 귀, 갈기, 턱수염 등을 각각 오려
  놓는다.

② 모델링 반죽을 4㎜ 두께로 밀어 밑그림을 대고 오려 내어 평평한 곳에
  놓고 건조시킨다.

③ 2~3일 후 뒤집어서 다시 건조시킨다.

④ 완전히 건조되면 몸통에 에어 브러시를 이용하여 액채 색소를 뿌려 건
  조시킨다.

⑤ 용의 몸에 턱 수염과 등의 갈기, 양쪽 귀, 양쪽 날개, 다리를 붙인다.
  반죽의 두께와 무게 때문에 로열 아이싱이나 식용풀만으로는 고정이
  어려우므로 요지를 함께 이용한다.

⑥ 용이 올라갈 구름 모양을 먼저 고정시키고 그 위에 용을 고정시킨다.

⑦ 세 마리 모두 같은 방법으로 만들고 구름 모양으로 로열 아이싱을 짜
  서 건조시킨다.

⑧ 여의주는 따로 만들어 펄 색소를 칠해주고 적당한 위치에 식용풀을 이
  용하여 고정시킨다.

①

②

④

⑧

⑥

AND SO ON

3. 기타

그네 타는 처녀와 Lee rose

✳ 준비도구와 재료

셀 보드, 밀대, No.30 녹색피복철사, 짤주머니, No.0, No.1 모양깍지, 로열 아이싱,
식용색소, 장식용 구슬, 둥근 봉, 가위, 셀 패드, 꽃 반죽

※ Lee rose는 많은 시행 착오를 거쳐 저자가 만드는 방법을 개발해 낸 장미로 꽃잎의 안쪽
과 밖의 색이 다르며 안쪽의 꽃잎에 색이 다른 잎맥 줄무늬가 있는 것이 특징으로 저자의
성을 붙여 꽃이름을 Lee rose라 했다.

1) Lee rose 만들기

① 흰색 꽃 반죽으로 봉오리를 만들어 놓는다.
② 흰색 꽃 반죽을 투명파일 속에 넣고 아주 얇게 밀어 놓는다.
③ 주황색 꽃 반죽과 노랑색 꽃 반죽을 세로 줄무늬가 생기도록 섞는다.
④ ③의 반죽을 얇게 밀어 놓는다.
⑤ 얇게 밀어놓은 흰색 꽃 반죽 위에 ④의 밀어놓은 꽃 반죽을 겹친다.
⑥ 장미꽃 모양틀로 찍어준다.
⑦ 가장자리를 봉으로 얇게 펴주고 셀 패드 위에 올려 웨이브와 볼륨을
　　만든다.
⑧ 봉오리에 ⑦의 꽃잎을 2장 먼저 붙이고 나중에 3장을 붙인다.
⑨ 꽃잎의 가장자리를 엄지와 검지 손가락으로 쓰다듬듯이 하면서 잎을
　　바깥쪽으로 살짝 넘겨준다.
⑩ 꽃잎 네장을 같은 방법으로 붙인다.
⑪ 꽃잎 다섯장을 위와 같은 방법으로 붙인다.
⑫ 꽃받침을 붙이고 씨방(rose hip)을 붙인다.
⑬ 이렇게 하면 꽃잎의 안쪽에 색이 다른 잎맥무늬가 있는 장미꽃이 된다.

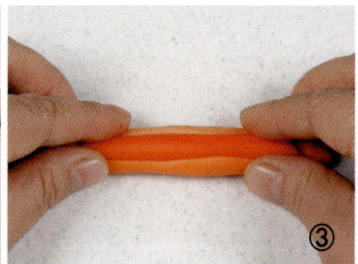

2) 수놓기(Tube embroidery)
(소나무 꽃말 : 영원한 불변, 불로장수, 굳셈)

① 케이크 위에 먼저 밑그림을 올리고 침핀으로 그림을 표시해 둔다.

② 녹색 로열 아이싱을 No.0 모양깍지를 이용하여 솔잎 모양으로 하나의 중심에 모여지게 짠다.

③ 또 다른 녹색으로 위와 같은 방법으로 짠다.

④ 나뭇가지 모양은 No.2 모양깍지를 이용 갈색으로 일정한 방향으로 겹쳐가며 계속 이어 짠다.

⑤ 소나무의 굵은 부분은 진 갈색과 연갈색으로 체인을 엮듯이 짠다.

⑥ 그네도 체인을 엮듯이 짠다.

⑦ 머리카락은 ④와 같이 이음수 짜는 방법으로 짠다.

⑧ 얼굴은 런 아웃 방법으로 짠다.

⑨ 저고리는 노랑색 반죽으로 길고 짧은 짜기를 반복하는 자련수 방법으로 짠다.

⑩ 치마와 댕기도 빨간색 로열 아이싱을 이용하여 길고 짧은 자련수 방법으로 짠다.

3) 레이스 짜기 (Lace work)

① 밑그림을 OHP 필름 아래에 놓고 No.1 모양깍지를 이용, 로열 아이싱을 모양대로 짜서 건조시킨다.

② 완전히 건조된 것을 케이크 윗면 가장자리에 로열 아이싱으로 붙인다.

함오는 날

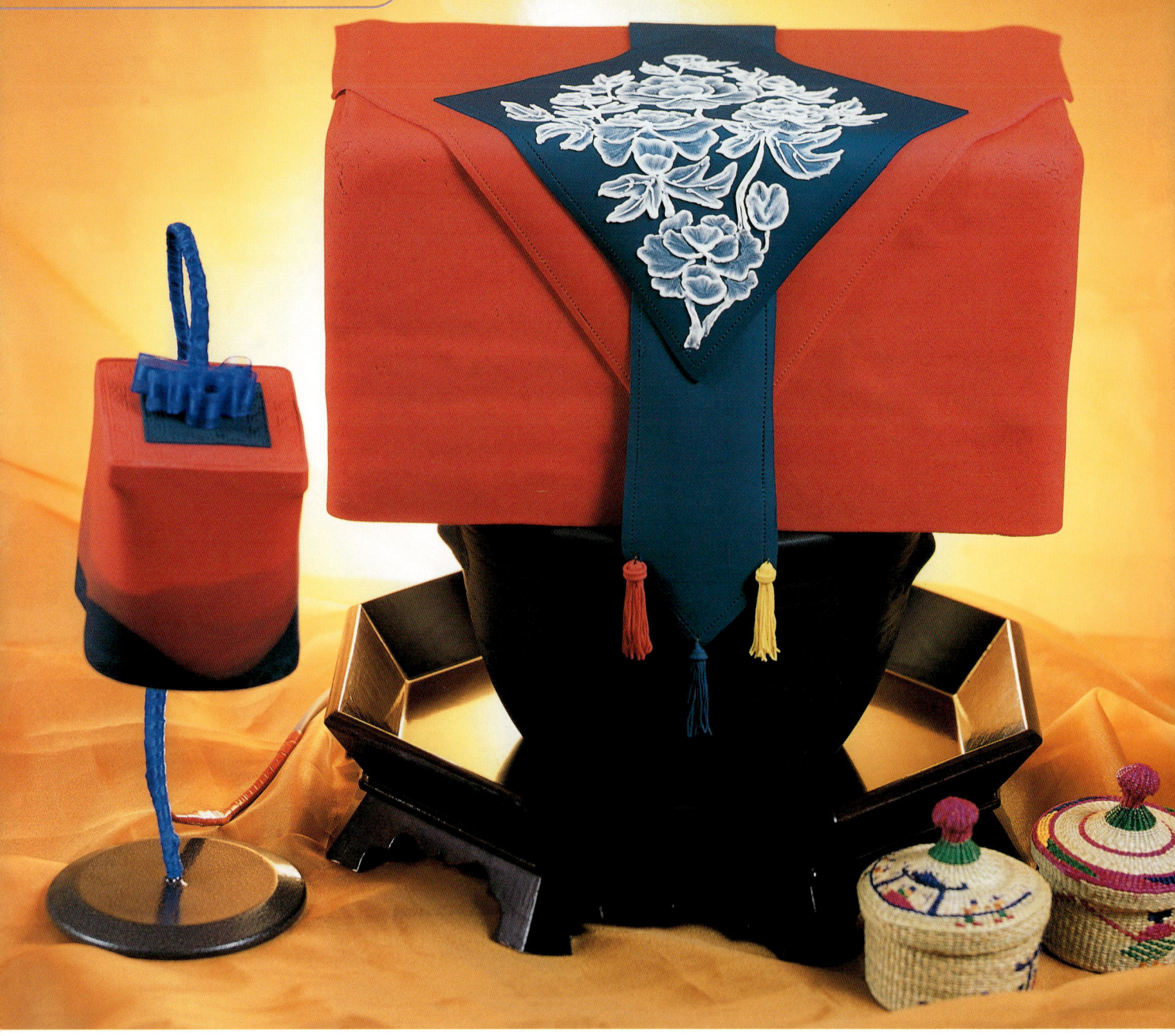

✻ 준비도구와 재료

붓, 짤주머니, No.0, No.1, No.2 모양깍지, 문양 스탬프, 식용색소, 밀대, 자,
슈거 크래프트 건, 리본, 식용풀, 커버 반죽, 꽃 반죽.

▷함(Ham) : 함이 오는 날이면 신부집에서 떡시루를 준비하는데 붉은 팥고물이 들어있는 시
루떡이 액운을 막아준다고 믿었기 때문이다. 이러한 풍습은 신랑집에서 신부집
까지 함을 지고 오는 동안 떠 다니는 부정한 것들이 묻어 올 수 있으므로 이 과
정을 통해 부정한 것을 제거하고 경사스러운 혼사에 탈이 없기를 바라는 마음
에서 비롯된 풍습으로 붉은색 천으로 함을 싼 것도 같은 맥락으로 생각된다.

▷모란(Peony)꽃 무늬 : 모란꽃 그림은 옛날부터 많이 그려졌고 장식 무늬로 많이 쓰였다.
특히 혼수나 가구 도자기의 무늬에 많이 쓰였는데 이것은 모란이
화목한 가정을 의미하기 때문이다.

▷청사초롱(Red-and-blue gauze lantern) : 청사초롱의 청색과 홍색은 조화를 뜻하는 것
으로 부부의 금실을 상징한다.

1) 함 만들기(Brush embroidery 기법)

① 직육면체의 케이크에 붉은색 커버링을 보자기로 싼 것처럼 만든다.
② 청색 반죽을 길게 밀어 잘라서 중앙에 두르고 마름모꼴 모양을 가운
데 붙인다.
③ 모란 꽃 무늬 밑그림을 놓고 침핀으로 문양을 표시한다.
④ 작업하는 사람의 가장 먼 곳부터 No.1 또는 No.2 모양깍지를 이용
하여 로열 아이싱을 짜고 물이 묻은 붓으로 쓸어 내린다.
⑤ 모두 완성되면 잎맥을 No.0 모양깍지로 짠다.
⑥ 줄기는 No.2 모양깍지로 짠다.
⑦ 빨강, 파랑, 노랑색의 수술을 슈거 크래프트 건을 이용하여 만든 후
늘어진 부분에 고정시킨다.

2) 청사초롱 만들기(Red-and-blue gauze lantern)

① 작은 전구를 이용하여 초롱을 만든다.
② 사각형 반죽에 스탬프를 돌려 찍어주고 중앙에 청색의 사각형 반죽
을 오려 붙인다.
③ ②를 건조시켜 ①의 초롱에 고정시킨다.
④ 빨간색과 파란색의 반죽을 함께 밀어 펴고 초롱의 규격에 맞게 잘라
붙인다.
⑤ 초롱의 윗부분을 리본으로 장식한다.

첫날밤

✳ **준비도구와 재료**

　　마지팬 도구, 가위, 스틱형 레이스 커터, 크림퍼, 아크릴 봉, 누비질 도구(Quilting tool),
　　펄 색소, 식용색소, 식용풀, 꽃 반죽, 검 페이스트 , 짤주머니, 모양깍지, 자.

1) 침대(Bed) 만들기

① 커버링 반죽을 밀어 누비질 도구로 일정간격 무늬를 주고 매트리스 모양의 케이크에 접착시킨다.

② 꽃 반죽을 밀어 레이스를 만들어 침대 옆에 붙인다.

③ 꽃 반죽을 얇게 밀어 레이스 커터를 이용해 잘라낸 것을 레이스 위에 붙인다.

④ 침대 머리장은 검 페이스트를 두껍게 밀어 마지팬 도구를 이용하여 무늬를 만든다.

⑤ 검 페이스트를 굴려 머리장 윗부분 장식을 한다.

⑥ 매트리스와 머리장이 완전히 건조되면 연결해서 붙인다.

⑦ 작은 직사각형의 케이크를 베개 모양으로 다듬어 놓는다.

⑧ 흰색 꽃 반죽을 얇게 밀어 베개 아랫쪽을 먼저 붙인다.

⑨ 밀어 편 반죽을 베개 모양보다 조금 크게 잘라주고 가장자리에 주름을 만들어준다.

⑩ ⑨를 ⑧의 윗 부분에 붙이고 반죽이 촉촉할 때 펄 색소를 칠한다.

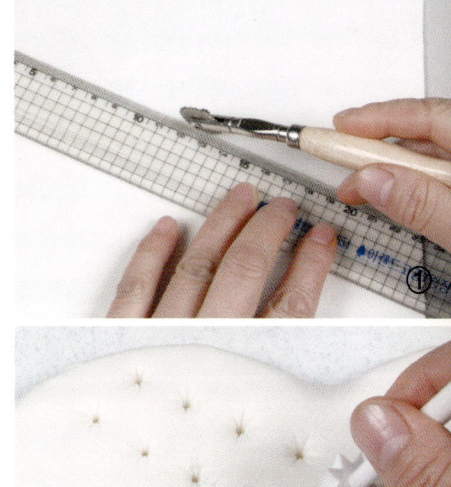

2) 이불(Overquilt) 만들기

① 꽃 반죽을 밀어 침대보다 약간 크게 잘라 놓는다.

② 케이크를 작은 사각형 조각으로 만들어 일정 간격으로 ①에 붙인다.

③ ①의 규격보다 크게 꽃 반죽을 밀어 ②에 덮어씌우고 가장자리를 잘 붙인다.

④ 엠보싱 사이를 누비질 도구를 이용하여 바느질 한 모양으로 무늬를 만들어 준다.

⑤ 이불 상단은 깃을 덧댄 것처럼 레이스를 만들어 붙인다.

⑥ 이불의 가장자리를 크림퍼로 완전하게 붙이면서 무늬를 만든다.

봄날의 차 한잔

❋ **준비도구와 재료**

안개꽃틀, 꽃술, No.30 녹색피복철사, 가위, 셀 패드, 로열 아이싱, 모델링 반죽,
커버 반죽, 꽃 반죽, 나비 모양틀, 꽃 모양커터, 식용색소, 각설탕, 리본.

1) 안개꽃(Gypsophila elegans) 만들기
(꽃말 : 간절한 기쁨, 밝은 마음)

① 작은 흰색 꽃술을 잘라 놓는다.
② 투명파일 속에 흰 반죽을 얇게 밀어 놓는다.
③ 안개꽃틀을 이용하여 꽃잎을 한 장 찍어낸다.
④ 꽃술에 오므려 붙인다.
⑤ 꽃잎을 1장 더 찍어내어 ④에 붙인다.
⑥ 같은 방법으로 다섯개가 완성되면 철사에 고정시킨다.
⑦ 안개꽃에 분말 색소를 붓으로 살짝 칠해주면 다른 느낌의 안개꽃
   을 만들 수 있다.

2) 찻잔(Tea cup) 만들기

① 작은 플라스틱 용기 안에 모델링 반죽을 둥글려 넣고 조금씩 늘
   려가며 잔 모양으로 만들어 건조시킨다.
② 완전히 건조 되면 꺼내어 손잡이를 만들어 붙인다.
③ 잔 옆에 그림을 그리거나 작은 꽃을 찍어서 붙여준다.
④ 모델링 반죽을 밀어놓고 나뭇잎 커터로 잘라 받침을 만들어 준다.
⑤ 중앙에 약간의 볼륨을 주고 건조시킨다.

3) 찻상(Table) 만들기

① 엷은 그린색 커버를 씌우고 가장자리에 스템프로 문양 찍기를 한다.
② 꽃 반죽을 꽃 모양 커터를 이용해 잘라내어 네개의 다리에 붙인다.
③ 아치형의 가장자리에는 모양커터로 반죽을 찍어 붙인다.

4) 나비 만드는 방법은 자목련 케이크에서 볼 수 있다.

부채

✻ 준비도구와 재료

OHP 필름, 랩, 짤주머니, No.2, No.5, 모양깍지, 밑그림, 분말색소, 알코올, 리본, 붓

1) 케이크 표면에 분말 색소 바르기

① 보라색 식용 분말색소를 알코올과 섞어준다.
② 케이크 표면에 붓을 이용하여 재빠르게 칠한다.
  ▷칠하는 속도가 느리면 알코올이 증발해 버린다.

2) 부채살(Fan) 만들기

① OHP 필름을 원뿔 형태로 감아 테이프로 고정시켜 여덟개를 만든다.
② 밑그림 위에 랩을 깔고 No.2 깍지를 이용 모양대로 안쪽 그림을 짠다.
③ 가장자리는 No.5 깍지를 이용하여 조금 굵게 짠다.
④ 원뿔 모양의 ① 위에 올려 건조시킨다.
⑤ 완전히 건조되면 조심스럽게 떼어 내 부채 모양 케이크 위에 로열 아
  이싱으로 고정시킨다.
⑥ 가장자리에 구슬 모양의 로열 아이싱을 짠다.

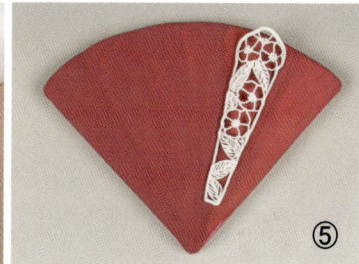

연꽃과 백조

✳ 준비도구와 재료

셸 보드, 밀대, 주름봉, 둥근 봉, 꽃잎틀, No.28 흰색피복철사, 가위, 식용색소, 꽃 테이프,
모델링 반죽, 꽃 반죽, 식용풀, 로열 아이싱

①

③

1) 연꽃(Lotus blossom) 만들기
(꽃말 : 당신은 참 아름답습니다)

① 노란색 반죽으로 연밥을 만들어 철사에 고정시킨다.

② 연밥 중앙 부분을 미니가위 끝으로 작은 구멍들을 만든다.

③ 노란색 꽃술을 연밥 가장자리에 돌려 감아 고정시킨다.

④ 연 핑크색 꽃 반죽을 셀 보드의 홈에 눌러 흰색 철사를 꽂아 홈이 있는 곳에 놓는다.

⑤ 밀대로 얇게 밀어 펴주고 연꽃잎 모양으로 오려낸다.

⑥ 주름 봉으로 줄 문양을 만들어 주고 가장자리를 얇게 밀어준다.

⑦ 위와 같은 방법으로 15장을 만들어 5장씩 3겹을 꽃 테이프로 고정시킨다.

⑧ 완전히 건조되면 연한 핑크 분말색소를 꽃의 끝부분에 칠한다.

2) 백조(Swan) 만들기

① 동물나라의 백조 만들기와 동일하다.

② 케이크 위에 올릴 때는 두 마리가 서로 마주 보게 한다.

3) 연못의 물결모양 만들기

① 흰색, 엷은 하늘색, 진하늘색의 반죽을 각각 길게 만든다.

② 위의 반죽들을 서로 약간 꼬이게 감아준다.

③ 원형으로 만들어 밀어 펴면 물결이 있는 것처럼 보인다.

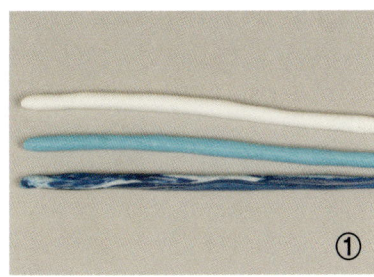
①

②

③

왕 관

✽ 준비도구와 재료

구슬 모양틀, 파레트 나이프, 식용색소, 광택제, 붓, 알코올, 식용풀, 꽃 반죽,
모델링 반죽, 자

1) 왕관(Crown) 만들기

① 커버링한 케이크에 보라색 분말 색소를 알코올에 섞어 재빠르게 붓으로 바른다.

② 모델링 반죽을 3㎜ 두께로 밀어 자를 대고 길게 자른다.

③ ②의 반죽을 곡선모양 위에 올려 건조시킨다.

④ ③의 모양이 건조되면 케이크에 붙인다.

⑤ 구슬모양틀에 펄 색소를 칠한 다음 꽃 반죽으로 모양을 찍어낸다.

⑥ 곡선의 양쪽 가장자리에 붙인다.

⑦ 하단에는 레이스 모양의 틀로 꽃 반죽을 찍어붙이고 식용 금가루에 알코올을 섞어 붓으로 칠해준다.

⑧ 미니장미틀을 이용하여 빨간색 꽃 반죽을 찍어 5등분하고 건조시킨다.

⑨ 미니앵초틀을 이용하여 파란색 꽃 반죽을 찍어 5등분하고 건조시킨다.

⑩ ⑧과 ⑨가 건조되면 광택제를 바른다.(마치 루비와 사파이어처럼 보인다)

⑪ 왕관의 적당한 곳에 ⑩의 보석들을 붙인다.

⑫ 꽃 모양 십자가를 만들고 안개꽃 모양을 몇 개 붙이고 은빛 펄 색소를 칠해준다.

⑬ ⑫를 왕관의 중앙에 꽂아준다.

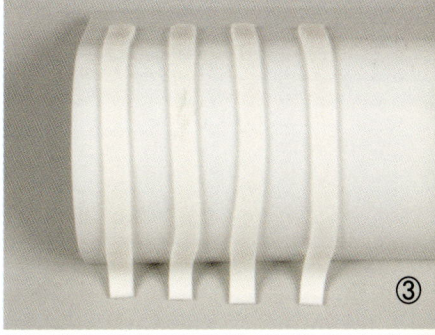

③

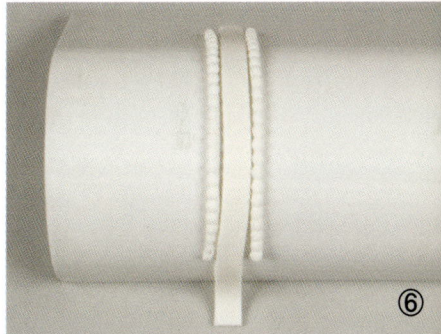

⑥

⑫

⑧

원형 액자

※ 준비도구와 재료

셀 보드, 셀 패드, 밀대, 꽃술, 식용색소, No.30 녹색피복철사, 가위, 꽃 반죽, 문양틀

⑤

1) 닭의 장풀(Spiderwort) 만들기

① 흰색 꽃술 3개는 길게 노란색 꽃술 2개는 짧게 철사에 고정시킨다.

② 보라색 꽃 반죽으로 아주 작은 꽃잎 2장을 만들어 풀 먹인 실에 붙인다.

③ 초록색 꽃 반죽을 장미 꽃잎 모양틀로 찍어내고 줄무늬를 준 다음 가장자리를 얇게 해준다.

④ ①의 꽃술에 ②의 꽃잎 2장을 먼저 고정시킨다.

⑤ ④에 ③의 잎을 반으로 접어 꽃술이 가운데로 가도록 붙인다.

⑥ 덩굴 식물이므로 덩굴처럼 엮어준다.

2) 미니장미(Mini rose) 만들기

① 미니장미도 60페이지의 장미와 같은 방법으로 만든다.

3) 액자 둘레 장식하기

① 문양틀로 꽃 반죽을 찍어내어 가장자리에 붙이고 펄 색소를 칠한다.

두개의 언덕

❋ 준비도구와 재료

스텐실, 파레트 나이프, 로열 아이싱, 식용색소, 펄 색소, 안개꽃 모양틀, 밀대, 꽃 반죽, 크림퍼, 자

1) 유홍초 만들기

▷호박 마차의 유홍초 만들기와 동일함.

2) 로열 아이싱을 이용한 스텐실

① 로열 아이싱에 색소를 넣고 잘 섞는다.
② 스텐실을 케이크 위에 고정시킨다.
③ 스텐실 위에 로열 아이싱을 파레트 나이프로 바르고 스텐실을 조심
   스럽게 떼어낸다.
④ 건조시킨다.

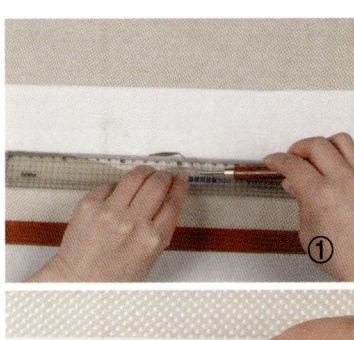

3) 케이크 주변 장식

① 흰색 꽃 반죽을 얇고 길게 밀어 펴 주고 자를 대고 잘라준다.
② 안개꽃 모양틀로 문양을 찍어준다.
③ 펄 색소를 붓으로 문양에만 칠해준다.
④ 일정 간격으로 주름을 잡아준다.
⑤ 줄무늬 밀대로 무늬를 낸 반죽을 녹색 펄 색소를 칠하고 파레트 나이
   프로 잘라 ④의 주름을 잡아준 곳에 돌려 감아 붙인다.

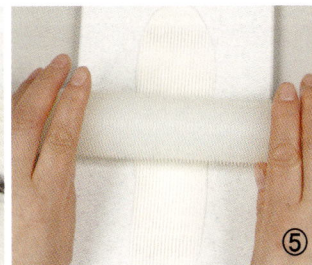

미니장미와 모자

※ 준비도구와 재료

무늬밀대, 셸 보드, 장미꽃 모양틀, 장미잎 모양틀, 식용풀, 식용색소, 꽃 반죽,
모델링 반죽

1) 미니 장미(Mini rose) 만드는 방법
꽃말 : 끝없는 사랑

60페이지의 장미 만드는 방법과 동일하다.

2) 모자(Hat) 만들기

① 바구니 무늬 밀대로 모델링 반죽을 원형으로 밀어준다,
② 중앙에 반구형 아크릴을 넣고 모자 가장자리에는 주름을 자연스럽게 만들어 건조시킨다.
③ 꽃 무늬 밀대로 흰색 꽃 반죽을 얇게 밀어 자를 대고 잘라 리본을 모자에 돌려 붙인다.
④ 리본의 끝을 살짝 돌려 감아 건조시킨다.

메꽃과 아이들

＊ 준비도구와 재료

밀대, 꽃술, No.30 녹색피복철사, 꽃 반죽, 식용색소, 리본, 가위, 붓, 식용풀, 메꽃틀,
셀 패드

1) 메꽃(Calystegia japonica) 만들기
(꽃말 : 속박, 충성, 수줍음)

① 철사에 가는 꽃술 5개를 고정시킨다.
② 흰색 꽃 반죽을 나팔 모양으로 만들고 메꽃틀로 찍어낸다.
③ 중앙에 홀을 만들고 ①의 꽃술을 고정시킨다.
④ 가장자리를 얇게 해주고 약간의 웨이브를 준다.
⑤ 꽃받침을 붙인다.
⑥ 완전히 건조되면 핑크색 식용분말색소를 붓으로 가장자리 부분에 진하게 칠한다.

2) 메잎 만들기

① 모양만 다르고 만드는 법은 다른 잎과 동일하다.

3) 아이들(Children) 만들기

① 모델링 반죽으로 몸을 조금 길게 만들고 아랫부분을 2등분하여 다리처럼 만든다.
② 몸의 윗 부분은 중앙이 약간 들어가게 만든다.
③ 양팔을 만들어 붙인다.
④ 얼굴을 동그랗게 만들고 머리카락을 만들어 붙인다.
⑤ ③ 위에 ④를 고정시킨다.
⑥ 멜빵을 만들어 붙인다.
⑦ 모자를 만들어 씌우고 눈과 입을 그린다.
⑧ 핑크색 분말 색소를 볼에 약간 칠한다.

슈거 카드

✴ **준비도구와 재료**

카드모양 커터, 파레트 나이프, 크림퍼, 모델링 반죽 또는 검 페이스트, 하트모양 쿠키틀

1) 카드(Card) 만들기

① 검 페이스트를 3㎜ 두께로 밀어주고 카드모양 커터로 잘라낸다.

② 같은 모양을 두개 만드는데 한 개만 중앙에 하트나 다른 모양으로 다
　시 찍어낸다.

③ 2개 모두 리본으로 묶을 자리에 작은 구멍을 내고 가장자리에 크림
　퍼로 문양을 만든다.

④ 평평한 곳에 두고 건조시킨다.

⑤ 두개의 카드를 리본으로 묶어 받침 위에 세운다.

⑥ 카드사이에 작은 꽃을 엮어 고정시킨다.

⑦ 카드에 슈거 크래프트용 펜으로 글씨를 쓸 수도 있다.

은행나무

✽ 준비도구와 재료

셀 보드, 셀 패드, 밀대, 가위, 은행잎틀, 식용색소, 꽃 반죽, 커버 반죽, 커피 슈거,
No.30 흰색피복철사

1) 은행잎(Gingko) 만들기

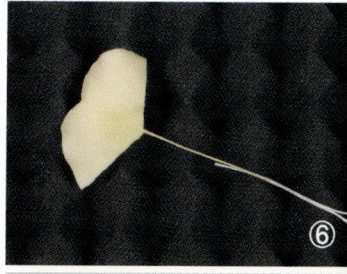

① 크림색 꽃 반죽과 노란색 꽃 반죽, 엷은 녹색 꽃 반죽을 만든다.

② 꽃 반죽을 타원형으로 만들고 셀 보드의 홈이 파인 곳에 눌러준다.

③ 홈 자국이 있는 곳에 흰색 철사를 끼워주고 다시 제자리에 놓는다.

④ 밀대로 얇게 밀어주고 은행잎 모양틀을 대고 오려낸다.

⑤ 부채꼴 모양으로 줄무늬를 만들고 가장자리를 얇게 펴준다.

⑥ 굴곡이 있는 스펀지 위에 올려 건조시킨다.

⑦ 노란색과 연녹색 반죽도 같은 방법으로 만든다.

⑧ 크림색 반죽으로 은행 열매를 만들어 건조시킨다.

⑨ 은행 열매와 은행잎을 엮어 나무에 꽂아준다.

2) 나무(Tree) 케이크에 커버 씌우기

① 커버링 반죽을 세가지 갈색 톤으로 만들어 섞어 실패드 위에서 마블 형태의 4mm 두께로 밀어준다.

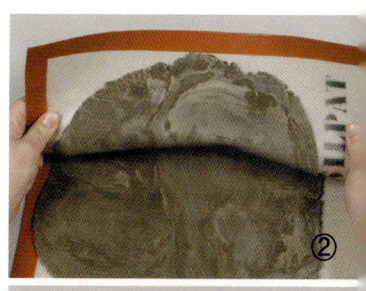

② 실패드 한쪽을 들고 접듯이 고르게 꺾어주면 나무 표면이 갈라진 것처럼 된다.

③ ②를 케이크 표면에 식용풀을 바르고 붙인다.

야자수와 해변

＊ 준비도구와 재료

야자수 잎 모양틀, 잎맥, 셀 보드, No.26 흰색피복철사, 가위, 식용색소, 꽃 반죽,
커버 반죽, 모델링 반죽, 로열 아이싱, 커피 슈거, 백설탕, 녹색 꽃 테이프, 갈색 꽃 테이프.

1) 야자수(Palm tree) 만들기

① 초록색 꽃 반죽과 노란색 꽃 반죽을 대강 섞어 긴 타원형으로 만들어 중심에 흰색 철사를 꽂아 보드위에 놓고 얇게 밀어준다.

② 잎맥을 찍어주고 가장자리를 좀더 얇게 펴주고 끝부분을 작은 세모꼴로 오려준다.

③ 야자수 잎을 곡선으로 만들어 건조시킨다.

④ 잎을 만들고 남은 반죽으로 야자 열매도 만든다.

⑤ 야자수잎 8~9장을 균형있게 엮어주고 야자 열매도 2~3개를 잎 아래쪽에 엮어준다.

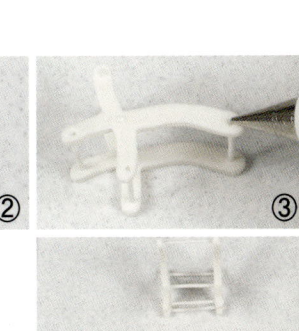

2) 의자(Chair) 만들기

① 모델링 반죽으로 의자 옆의 다리모양을 4개 만들어 끝 부분과 중앙에 작은 구멍을 내주고 건조시킨다.

② 칵테일 스틱 굵기 정도의 슈거 스틱 2~3㎝ 짜리 10개를 만들어 건조시킨다.(의자 다리 조립용)

③ ①의 의자 다리가 건조되었으면 ②의 슈거 스틱으로 조립하고 로열 아이싱으로 접착시킨다.

④ 흰색 꽃 반죽과 핑크색 꽃 반죽을 길게 만들어 붙이고 밀대로 밀어준다.

⑤ 의자 길이에 맞게 잘라 의자에 붙인다.

 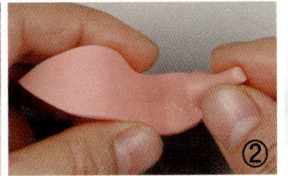 

3) 샌들(Sandal) 만들기

① 모델링 반죽을 밀어 펴고 샌들 바닥을 4장 오려준다.

② 뒤축을 만들어 붙이고 앞쪽의 끈도 자를 대고 잘라 붙인다.

③ ①의 바닥을 ②의 붙인 모양이 보이지 않도록 한 번 더 붙인다.

④ 안개꽃잎틀로 반죽을 찍어내어 샌들 앞부분에 장식해준다.

149

✻ 작품에 사용된 모양 본

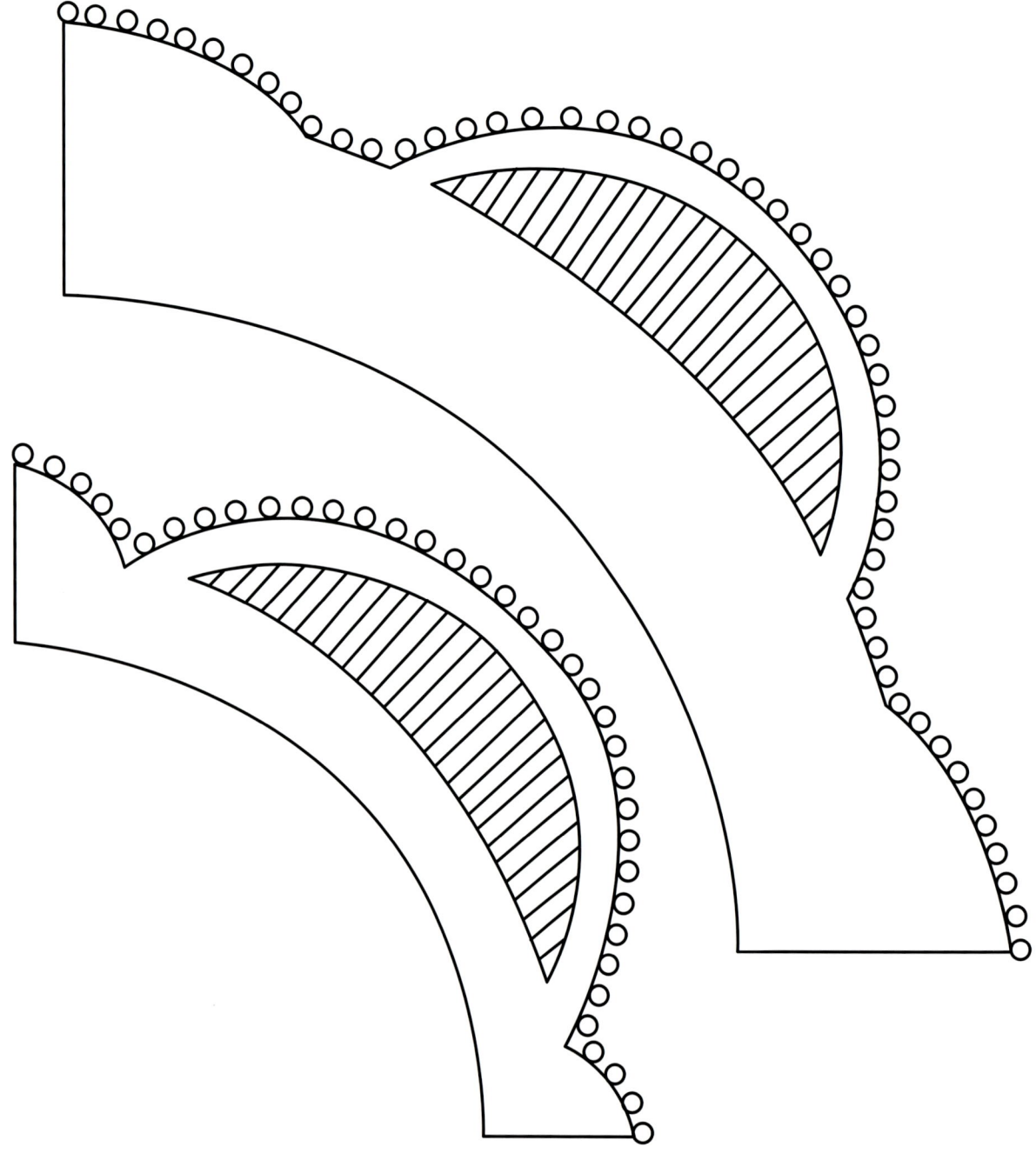

화이트 웨딩케이크 런아웃

그네 타는 처녀와 Lee rose

구름위의 신랑신부

받침

2개
용날개

함 오는 날

2개

2개

앞 발

뒷 발

153

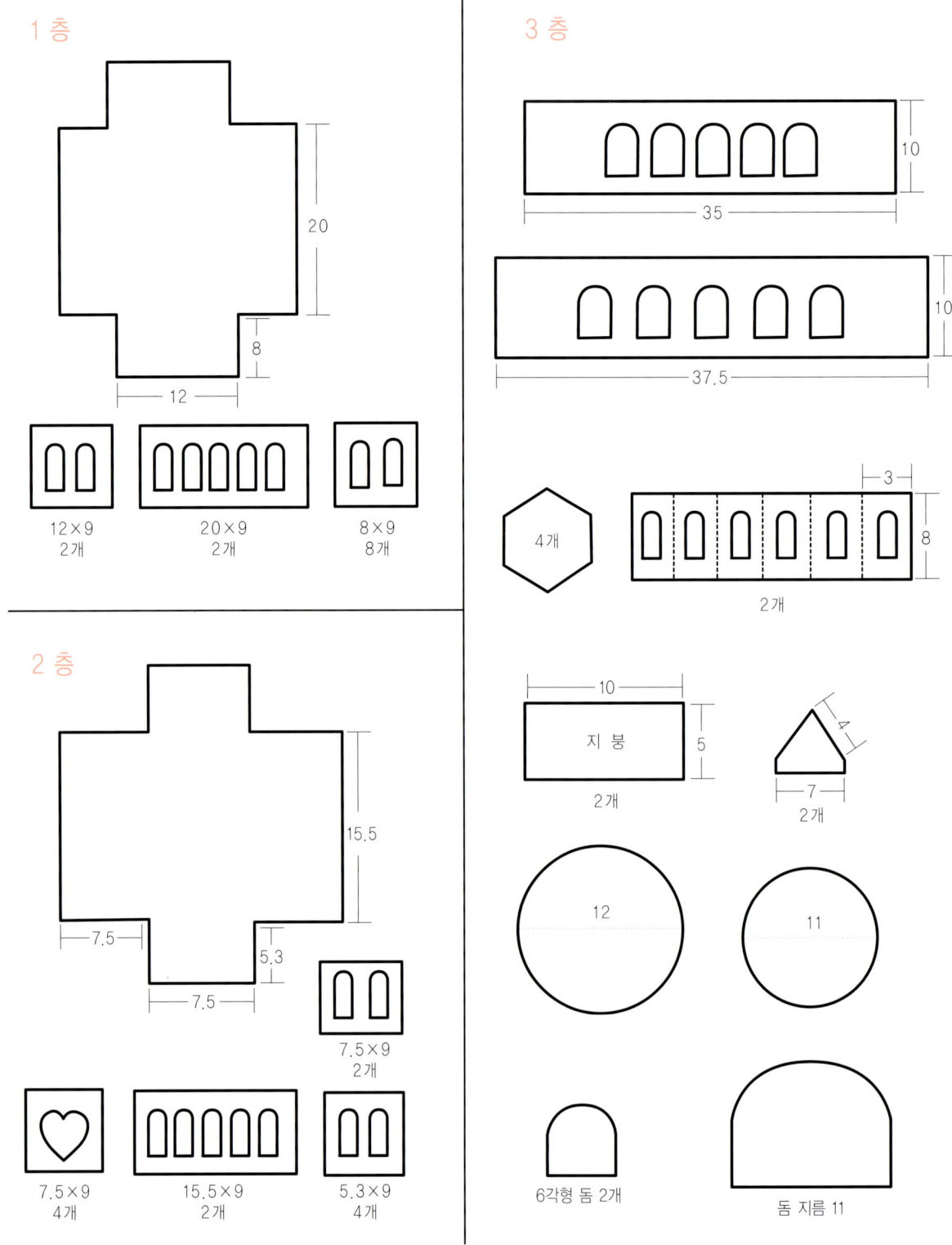

1 층

20

8

12

12×9
2개

20×9
2개

8×9
8개

2 층

15.5

7.5

7.5

5.3

7.5×9
2개

7.5×9
4개

15.5×9
2개

5.3×9
4개

3 층

10

35

10

37.5

4개

3

8

2개

10

지 붕

5

2개

4

7

2개

12

11

6각형 돔 2개

돔 지름 11

얼음성 전개도 (단위:㎝)

작품에 사용된 모양 본

부채살 무늬

참고문헌

1. 제과제빵 재료학 / 비앤씨월드 / 조남지외 10인 공저 / 2000.

2. 식용 유지학 / 유림문화사 / 박원종 외 4인 공저 / 1999.

3. 제과제빵 재료학 / 광문각 / 주현규외 3인 공저 / 1994.

4. 한국식품성분표 / 보건복지부 식품의약품안전본부 / 1996.

5. 최신 식품가공 저장학 / 효일 문화사 / 송재철. 박현정 / 1998.

6. C. M. C / 주식회사 高 製 발행 / 2000

7. 제과제빵 이론특강 / 비앤씨월드 / 1999.

8. 식품화학 / 문운당 / 김재욱외 4인공저 / 2001.

9. 식품화학 / 효일 문화사 / 蔡洙圭 / 1990.

10. 생화학 / 유한문화사 / 박동기외3인공역 / 2001.

11. 식품재료사전 / 한국사전연구사 / 1997.

12. 식품 물성학 / UUP / 송재철. 박현정 / 2000.

13. 식품화학 / 영지문화사 / 권용주외 4인공저 / 1998.

14. 아름다운 상차림 / 디자인하우스 / 2000.

15. 마더구즈의 노래 / 팬더 북 / 편집부 편 / 1996.

16. 세계백과대사전 / 교육출판공사 / 1981.

17. 중학교 3 가사 / 교육부 / 한국교육개발원 / 1995.

18. 월간 베이커리 / 대한제과협회 / 2002.

19. 월간 베이커리 / 대한제과협회 / 1998.

20. 월간 제과제빵 / 비앤씨월드 / 1999.

21. 월간 제과제빵 / 비앤씨월드 / 1998.

참고문헌

22. 華藝選 / 언어문화사 / 김정숙 역음 / 1988

23. 스텐실 문양 / 이종문화사 / 편집부 /2000

24. 식물도감 / (주)은하수미디어 / 문제천 펴냄 / 2001

25. 나무도감 / 보리 / 이제호, 손경희 그림/ 2001

26. 국어대사전 / 금성출판사 / 편집위원:김민수외 3인 / 1992

27. 월간 제과제빵 / 비앤씨월드 / 1998

28. 入門 シユガ-ケ-キ デコレ-ション 今田美奈子 / 柴田書店 / 2001.

29. THE INTERNATIONAL SCHOOL OF SUGAR CRAFT / MEREHURST/ NICHOLAS LODGE / 1989.

30. THE NEW SUGAR CRAFT COURS/ MEREHURST / CHRISJEFFCOATE& JACKIEKUFLIK / 1997.

31. LESLEY HERBERTS COMPLETE BOOK OF SUGAR FLOWERS / MEREHURST / 1996.

32. PROFESSIONAL TOUCHES / MEREHURST / LESLEY HERBERT / 1992.

33. THE ULTIMATE BOOK OF ROYAL ICING / MEREHURST / LINDSAY JOHN BRADSHAW / 1993.

34. DECORATIVE TOUCHES / MEREHURST / TOMBI PACK / 1995.

35. ROMANTIC WEDDING CAKES / MEREHURST / KERRY VINCENT / 2001.

36. WEDDING CAKES / MEREHURST / LESLEY HERBERT / 1994.

37. COLETTES BIRTHDAY CAKES / LETTLE BROWN COMPANY/ COLETTE PETERS / 2000.

38. WEDDING FLORALS /BETTER WAY BOOKS / TERRY J. RYE / 2000.

index

index

이종열의
WEDDING &
ANNIVERSARY CAKES

초판 발행	2003년 5월 20일
저자	이종열
발행인	장상원
발행처	(주)비앤씨월드
출판등록	2002. 9. 24 제16-2820호
주소	서울시 강남구 논현동 39-3
전화	(02)547-5233
Fax	(02)549-5235
디자인	복유정
진행	최은주
사진	구자익(작품사진), 김휴근(속표지)
인쇄처	문덕인쇄(주)
가격	35,000원
ISBN	ISBN 89-88274-21-0 93590